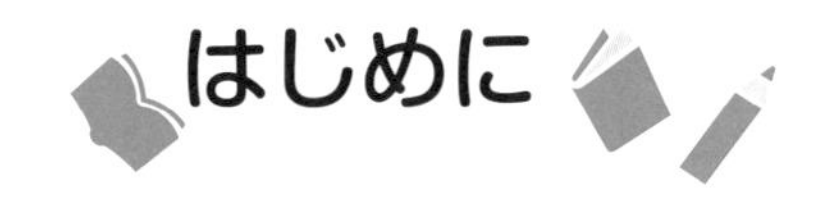

はじめに

三木　俊一

このドリル集は、文章題の基本の型がよく分かるように作られています。「ぶんしょうだい」と聞くと、「むずかしい」と反応しがちですが、文章題の基本の型は、決して難しいものではありません。基本の型はシンプルで易しいものです。

文章題に取り組むときは以下のようにしてみましょう。

①　問題文を何回も読んで覚えること
②　立式に必要な数を見分けること
③　何をたずねているかがわかること

②は、必要な数を○で囲む。③は、たずねている文の下に＿＿を引くとよいでしょう。

（例）　ひよこが　⑤わ　います。
　　　　きょう　⑧わ　うまれました。
　　　　ひよこは　ぜんぶで　なんわに　なりましたか。

5分間ドリルのやり方

1．1日5分集中しよう。
短い時間なので、いやになりません。

2．毎日続けよう。
家庭学習の習慣が身につきます。

3．基本問題をくり返しやろう。
やさしい問題を学習していくことで、基礎学力が身につき、読解力も向上します。

もくじ

5までのたしざん …………………… 1 ～ 12

5までのひきざん …………………… 13 ～ 29

9までのたしざん …………………… 30 ～ 41

9までのひきざん …………………… 42 ～ 57

10になるたしざん …………………… 58 ～ 59

くりあがりのたしざん ……………… 60 ～ 71

10からひくひきざん ………………… 72 ～ 73

くりさがりのひきざん ……………… 74 ～ 86

1　5までのたしざん ①

月　　日

❀ 花（はな）の本（ほん）が　2さつ　あります。
虫（むし）の本（ほん）が　3さつ　あります。
本（ほん）は、あわせて　5さつです。

  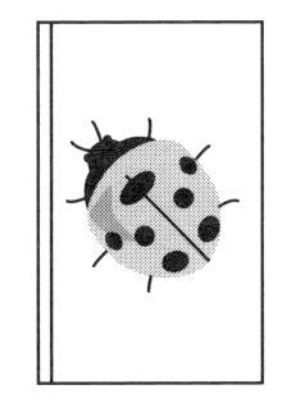  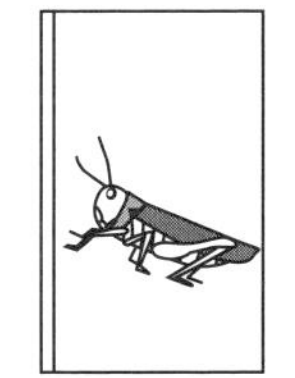

花（はな）の本（ほん）が　[2]さつ　あります。

虫（むし）の本（ほん）が　[3]さつ　あります。

本（ほん）は、あわせて　[5]さつです。

うすくかいてあるすうじは、
えんぴつでなぞってね。

5までのたしざん ②

1 赤いかみは　2まい　あります。
白いかみは　1まい　あります。
かみは、あわせて　3まいです。

赤いかみは [2] まい　あります。

白いかみは [1] まい　あります。

かみは、あわせて [3] まいです。

2

トマトジュースが [2] 本　あります。

みかんジュースが [2] 本　あります。

ジュースは、あわせて [4] 本です。

5までのたしざん 

月　日

1

白(しろ)くまは [3] とう　います。

くろくまは [1] とう　います。

くまは、あわせて [　] とうです。

2

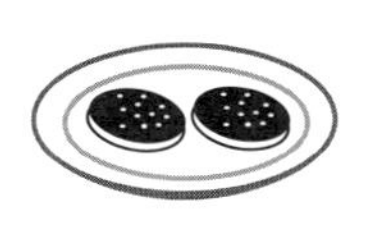

おさらに　クッキー(くっきい)が [2] こ　あります。

はこに [3] こ　あります。

クッキーは、あわせて [　] こです。

5までのたしざん 

月　日

1  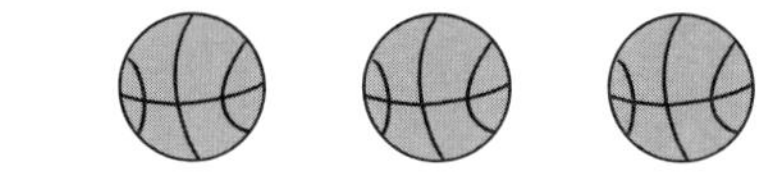  

白(しろ)いボール(ぼうる)が 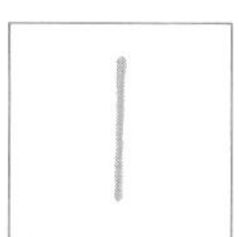 こ　あります。

青(あお)いボールが  こ　あります。

ボールは、あわせて  こです。

2  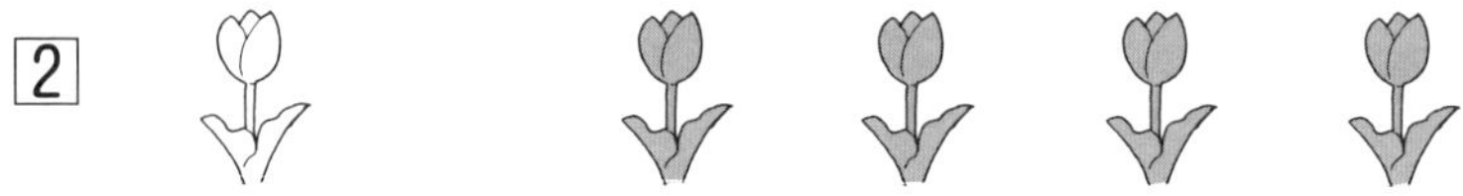 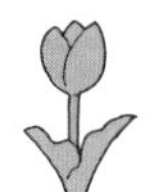  

白(しろ)い花(はな)が  本(ぽん)　あります。

きいろい花(はな)が  本(ほん)　あります。

花(はな)は、あわせて  本(ほん)です。

5までのたしざん 

月　日

1

じてん車（しゃ）が　1　だい　あります。

そこへ　2　だい　きました。

ぜんぶで　□　だいに　なりました。

2

ねこが　3　びき　います。

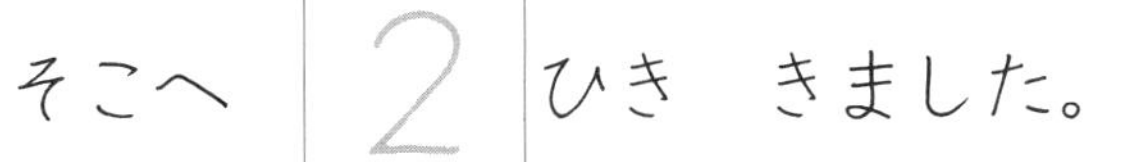

そこへ　2　ひき　きました。

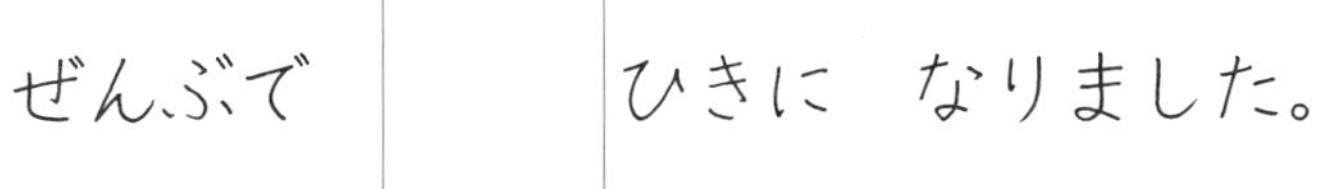

ぜんぶで　□　ひきに　なりました。

5までのたしざん ⑥

月　日

ねえさんは　つるを　3わ　おりました。
ぼくは　2わ　おりました。
つるは、ぜんぶで　なんわ　おれましたか。

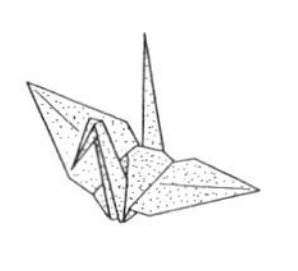 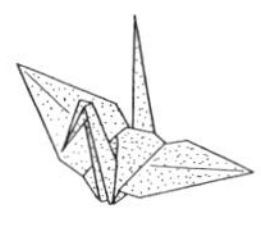 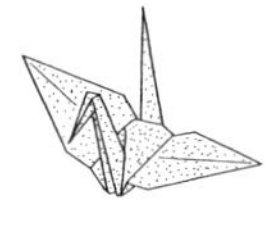 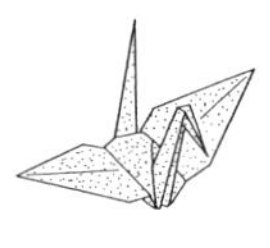 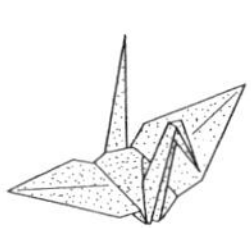

□がいくつ
あるか、かぞ
えてみよう。

ぜんぶで　5　わ

さん　たす　に　は　ご

しき　3 ＋ 2 ＝ 5

こたえ　5　わ

5までのたしざん ⑦

月　日

1

あひるが　いけに　1わ　います。

そこへ　3わ　きました。

あひるは、ぜんぶで　なんわですか。

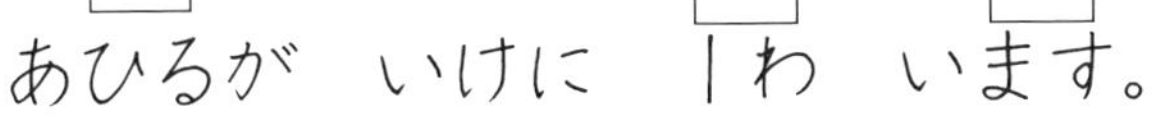

しき　1 ＋ 3 ＝ □

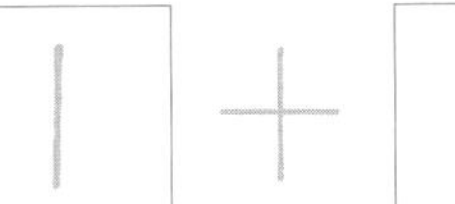

こたえ　□わ

2

白（しろ）ねこが　1ぴき　います。

くろねこも　1ぴき　います。

ねこは、あわせて　なんびきですか。

しき　1 ＋ 1 ＝ □

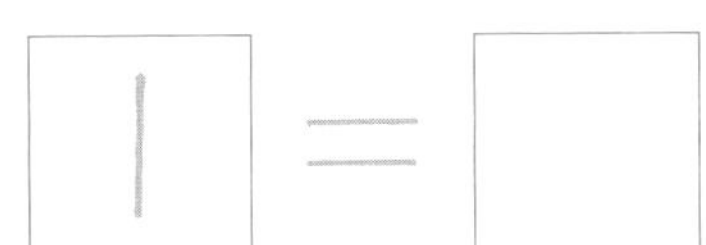

こたえ　□ひき

5までのたしざん 

月　日

1 赤(あか)い金(きん)ぎょが　4ひき　います。
くろい金(きん)ぎょが　1ぴき　います。
金(きん)ぎょは、あわせて　なんびきですか。

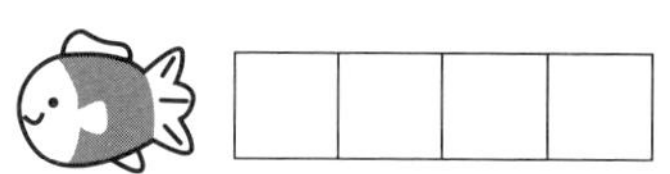

しき　4 ＋ □ ＝ □

こたえ 

2 かさが　2本(ほん)　あります。
もう　1本(ぽん)　かいました。
かさは、ぜんぶで　なん本(ぼん)ですか。

しき 

こたえ 

9 5までのたしざん ⑨

月　日

1　ねこが　3びき　ねて　います。
そこへ　2ひき　きました。
ねこは、ぜんぶで　なんびきですか。

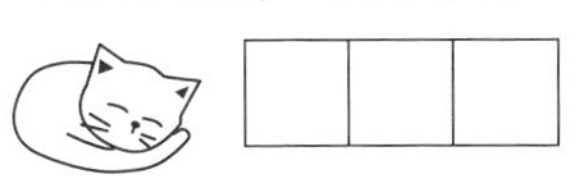

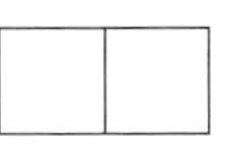

しき
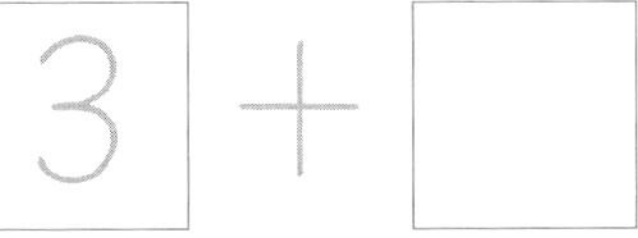

こたえ

2　えんぴつを　1本（ぽん）　もって　います。
えんぴつを　4本（ほん）　もらいました。
えんぴつは、ぜんぶで　なん本（ぼん）ですか。

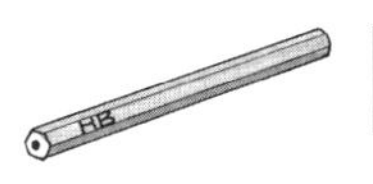

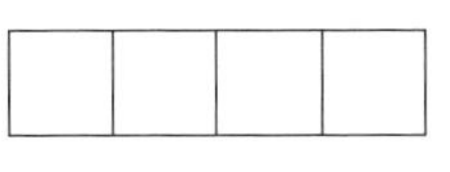

しき

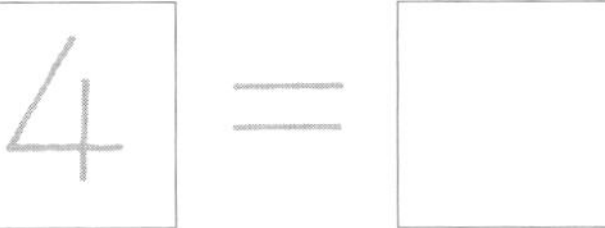

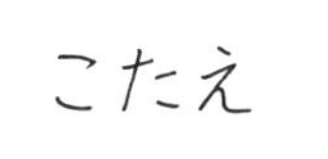
こたえ

10　5までのたしざん ⑩

月　日

1　すずめが　にわに　3わ　います。
やねに　1わ　います。
すずめは、ぜんぶで　なんわですか。

しき　□ ＋ 1 ＝ □

こたえ　□ わ

2　赤(あか)いりんごが　4こ　あります。
きいろいりんごが　1こ　あります。
りんごは、あわせて　なんこですか。

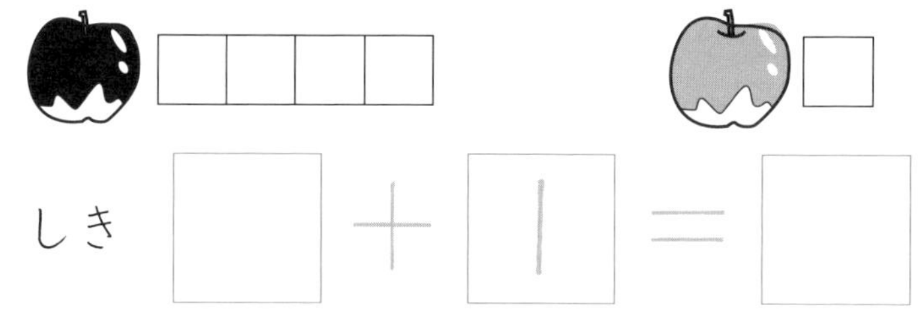

しき　□ ＋ 1 ＝ □

こたえ　□ こ

1 つくしを　1本（ぽん）　とりました。
また、1本（ぽん）　とりました。
つくしは、ぜんぶで　なん本（ぼん）ですか。

しき　□ ＋ □ ＝ □

こたえ　□ ほん

2 くりを　1こ　ひろいました。
すぐに　2こ　ひろいました。
くりは、ぜんぶで　なんこですか。

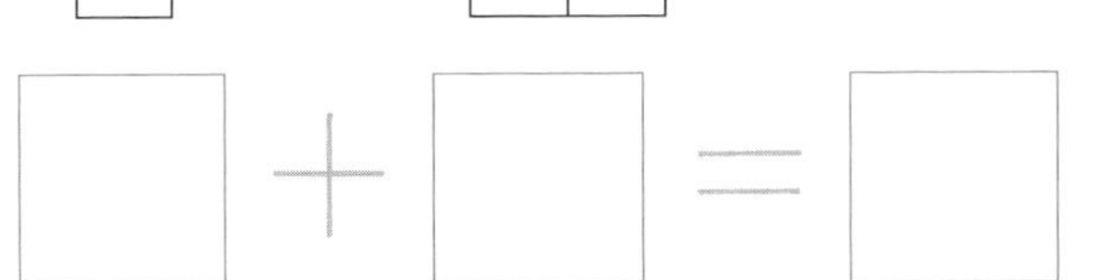
しき　□ ＋ □ ＝ □

こたえ　□ こ

5までのたしざん ⑫

月　日

1 男の子が　2人　います。
女の子も　2人　います。
子どもは、みんなで　なん人ですか。

しき　□ ＋ □ ＝ □

こたえ　□ にん

2 女の子が　3人　います。
男の子が　2人　います。
子どもは、みんなで　なん人ですか。

しき　□ ＋ □ ＝ □

こたえ　□ にん

13 5までのひきざん ①

月　日

✿ トマトが　3こ　あります。
トマトを　1こ　たべました。
トマトは、のこり　2こです。

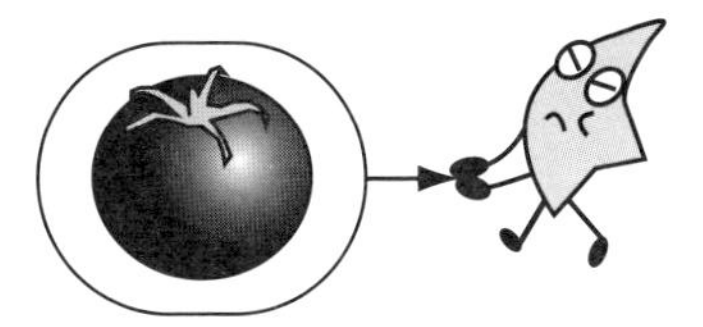

トマトが [3] こ　あります。

トマトを [1] こ　たべました。

トマトは、のこり [2] こです。

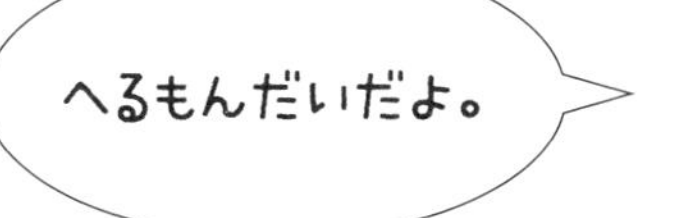

14 5までのひきざん ②

月　日

❀ おりがみが　3まい　あります。
かぶとを　おるのに　2まい　つかいました。
おりがみは、のこり　1まいです。

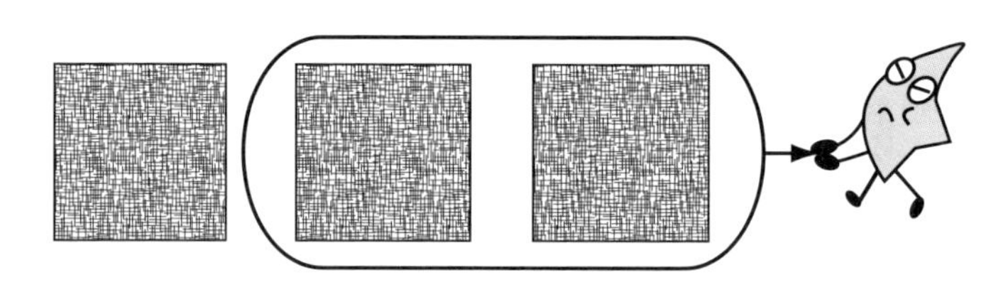

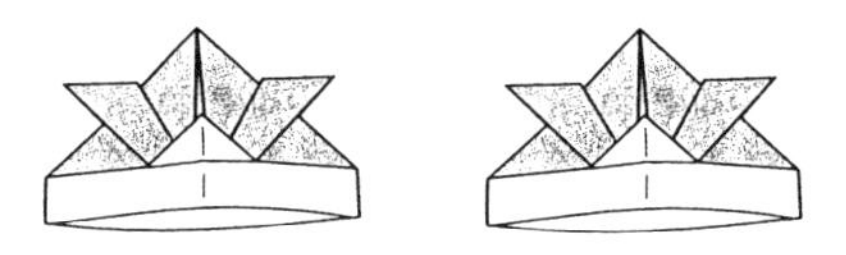

おりがみが　[3]まい　あります。

かぶとを　おるのに　[2]まい　つかいました。

おりがみは、のこり　[1]まいです。

15 ５までの ひきざん ③

月　日

1

クッキーが 4 こ　あります。

2 こ　たべました。

クッキーは、のこり □ こです。

2

えんぴつを 4 本（ほん）　もって　います。

おとうとに 1 本（ぽん）　あげました。

えんぴつは、のこり □ 本（ぼん）です。

16 5までのひきざん ④

月　日

1

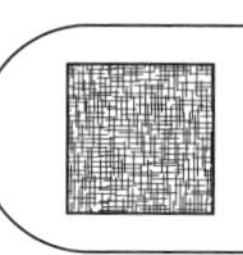 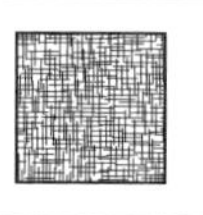 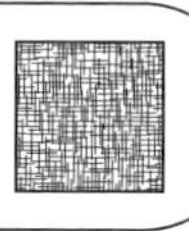 

おりがみが  まい　あります。

□ まい　つかいました。

おりがみは、のこり  まいです。

2

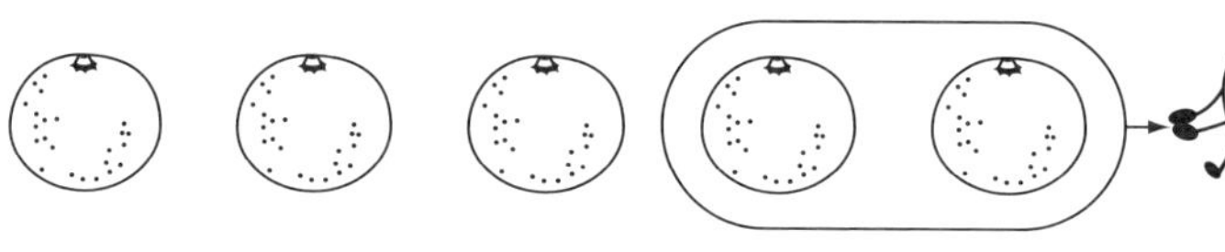

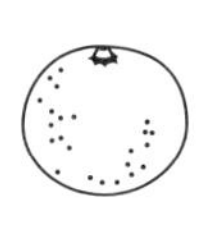  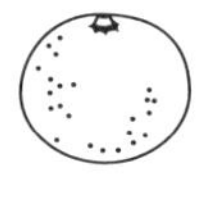 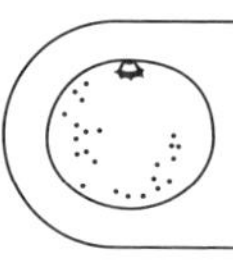

みかんが  こ　あります。

 こ　たべました。

みかんは、のこり  こです。

17 5までのひきざん ⑤

月　日

✿ ねこは　3びき　います。
いぬは　2ひき　います。
ねこと　いぬの　かずのちがいは1ぴきです。

ねこは　3　びき　います。

いぬは　2　ひき　います。

ねこと　いぬの　かずのちがいは　1　ぴき

です。

18 5までのひきざん ⑥

月　日

✿ うまは　5とう　います。
うしは　2とう　います。
うまと　うしの　かずのちがいは3とうです。

うまは　[5]とう　います。

うしは　[2]とう　います。

うまと　うしの　かずのちがいは　[　]とう

です。

19 5までのひきざん ⑦

月　日

✿ きつねが　5ひき　います。
たぬきが　3びき　います。
きつねの　ほうが　2ひき　おおいです。

きつねが [5] ひき　います。

たぬきが [　] びき　います。

きつねの　ほうが [　] ひき　おおいです。

20　5までのひきざん 

月　　日

❀ かきが　5こ　あります。

りんごが　1こ　あります。

かきの　ほうが　4こ　おおいです。

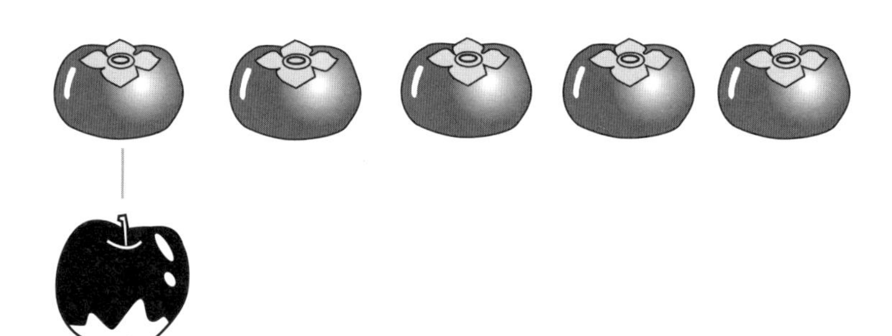

かきが　□こ　あります。

りんごが　□こ　あります。

かきの　ほうが　□こ　おおいです。

21 5までのひきざん 

月　日

✿ メロンが　5こ　あります。
すいかが　4こ　あります。
メロンの　ほうが　1こ　おおいです。

メロンが　□こ　あります。

すいかが　□こ　あります。

メロンの　ほうが　□こ　おおいです。

22 5までのひきざん 

月　日

✿ えを　みて　□に　かずを　かきましょう。

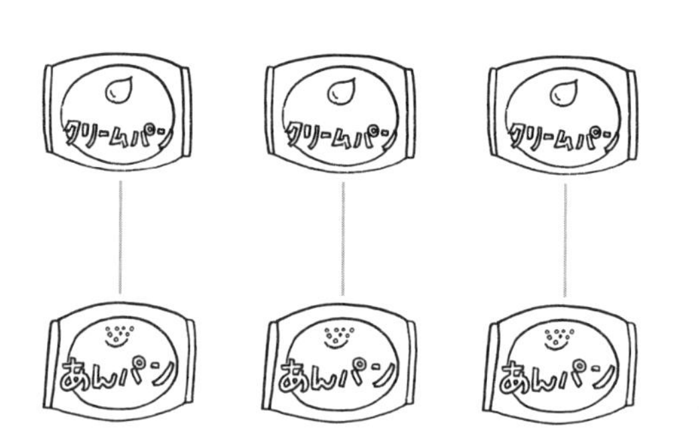

あんパン（ぱん）が □ こ　あります。

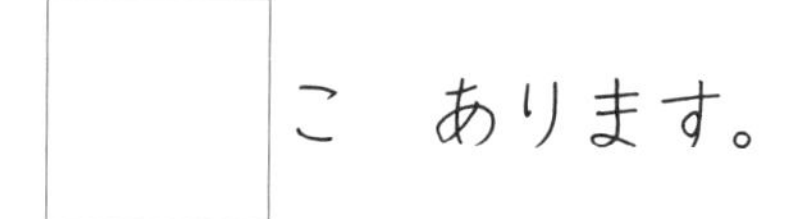

クリーム（くりいむ）パンが □ こ　あります。

あんパンの　ほうが □ こ　おおいです。

23 5までのひきざん ⑪ 

月　日

1

ねこが □ ひき　います。

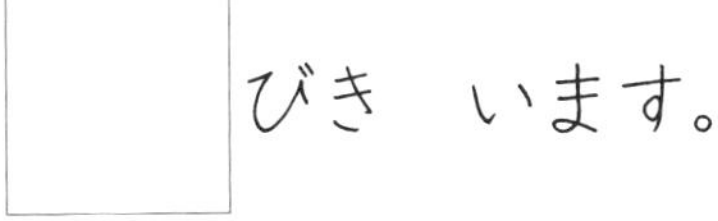

うさぎが □ びき　います。

ねこの　ほうが □ ぴき　おおいです。

2

つるが □ わ　います。

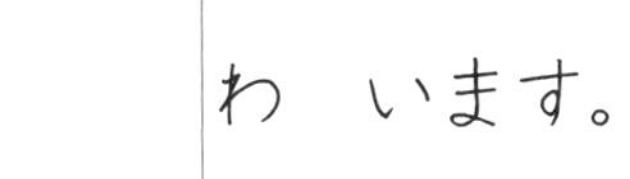

からすが □ わ　います。

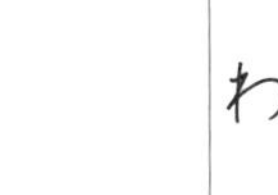

つるの　ほうが □ わ　おおいです。

月　日

❀ うさぎが　3びき　います。
2ひきが　どこかへ　いきました。
うさぎは、のこり　なんびきですか。

しきを　かいて、こたえましょう。

しき　3 −（ひく） 2 =（は） 1

こたえ　□ ぴき

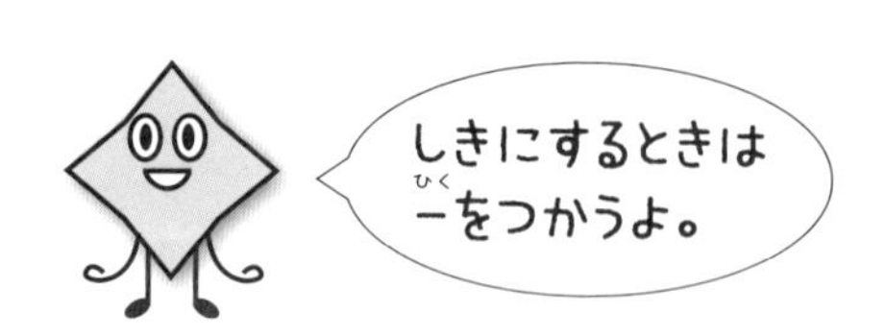

5までのひきざん ⑬

月　日

1　おりがみが　5まい　あります。
つるを　おるのに　3まい　つかいました。
おりがみは、のこり　なんまいですか。

  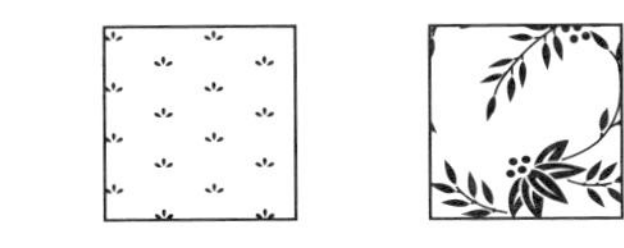  

しき  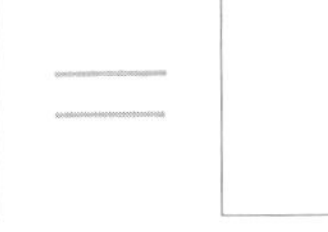

こたえ 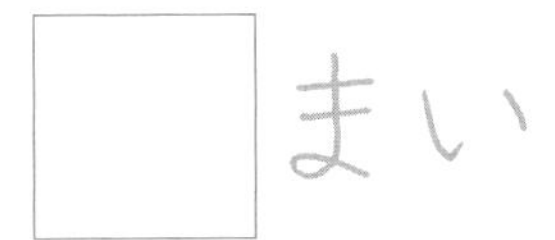

2　トマト（とまと）が　5こ　あります。
2こ　たべました。
トマトは、のこり　なんこですか。

しき　5 − □ = □

こたえ 

月　日

1　たまねぎが　2こ　あります。
りょうりで　1こ　つかいました。
たまねぎは、のこり　なんこですか。

しき 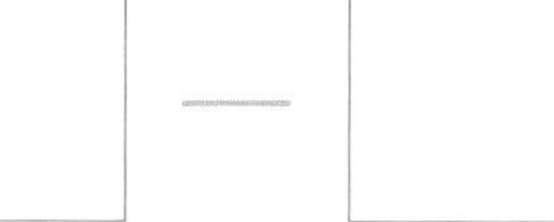 

こたえ 

2　すずめが　4わ　います。
1わ　とびたちました。
すずめは、のこり　なんわですか。

しき  

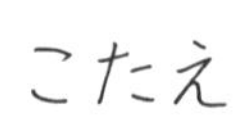 

27 5までのひきざん ⑮

月　日

❀ みかんが　5こ　あります。

りんごが　2こ　あります。

みかんは、りんごより　なんこ　おおいですか。

しき　5 − □ ＝ □

こたえ　□ こ

5までのひきざん ⑯

月　日

1　すいかが　4こ　あります。
メロンが　2こ　あります。
すいかは、メロンより　なんこ　おおいですか。

しき　4 － □ ＝ □

こたえ　□ こ

2　白うさぎが　3びき　います。
くろうさぎが　1ぴき　います。
白うさぎは、くろうさぎより　なんびき　おおいですか。

しき

こたえ　□ ひき

29 5までのひきざん ⑰

月　日

1　かにが　5ひき　います。
　えびが　4ひき　います。
　かには、えびより　なんびき　おおいですか。

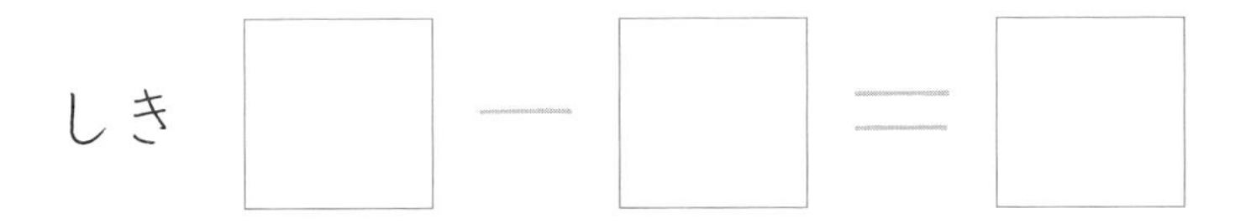

しき　□ − □ ＝ □

こたえ　□ ぴき

2　ねこが　5ひき　います。
　いぬが　1ぴき　います。
　ねこは、いぬより　なんびき　おおいですか。

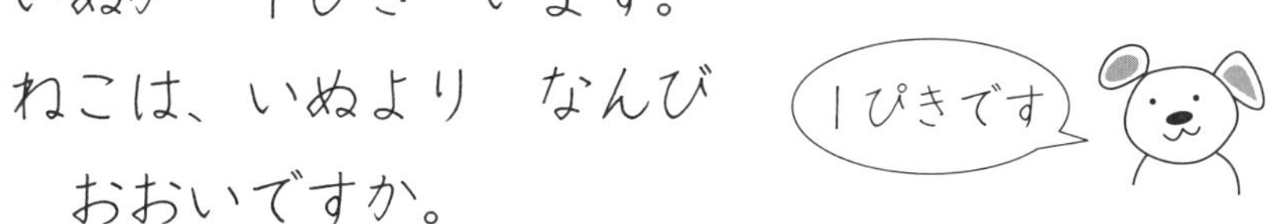

しき　□ − □ ＝ □

こたえ　□ ひき

30 9までのたしざん ①

月　日

1　めんどりが　5わ　います。

おんどりが　1わ　います。

にわとりは、あわせて　なんわですか。

しき 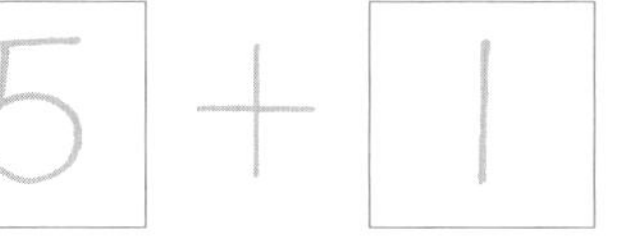

5 ＋ 1 ＝ □

こたえ 

□ わ

2　青い車が　2だい　あります。

白い車が　5だい　あります。

車は、あわせて　なんだいですか。

しき  ＋  ＝ 

2 ＋ □ ＝ □

こたえ 

□ だい

31 9までのたしざん ②

月　日

1 赤(あか)いりんごが　3こ　あります。
青(あお)いりんごが　3こ　あります。
りんごは、あわせて　なんこですか。

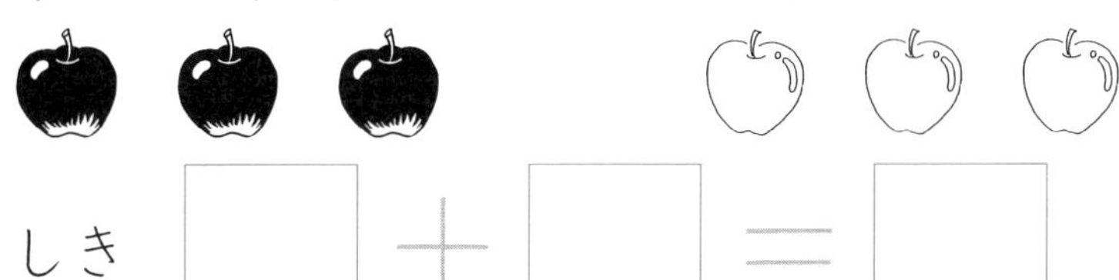

しき □ ＋ □ ＝ □

こたえ □ こ

2 オレンジジュース(おれんじじゅうす)が　5本(ほん)　あります。
りんごジュースが　3本(ぼん)　あります。
ジュースは、あわせて　なん本(ぼん)ですか。

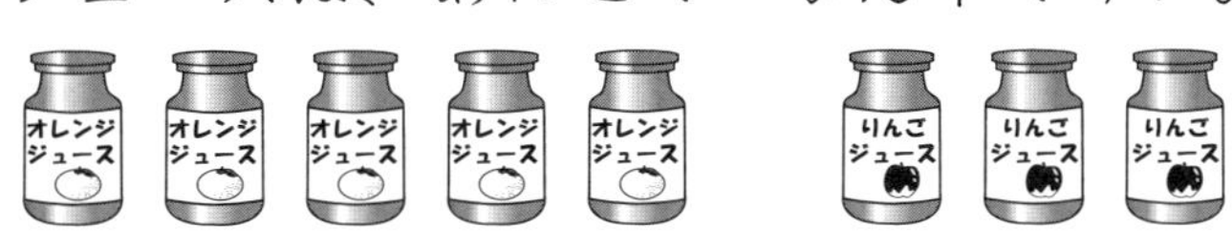

しき □ ＋ □ ＝ □

こたえ □ ほん

32 9までのたしざん ③

月　日

1　女の子が　4人　います。
男の子が　3人　います。
子どもは、みんなで　なん人ですか。

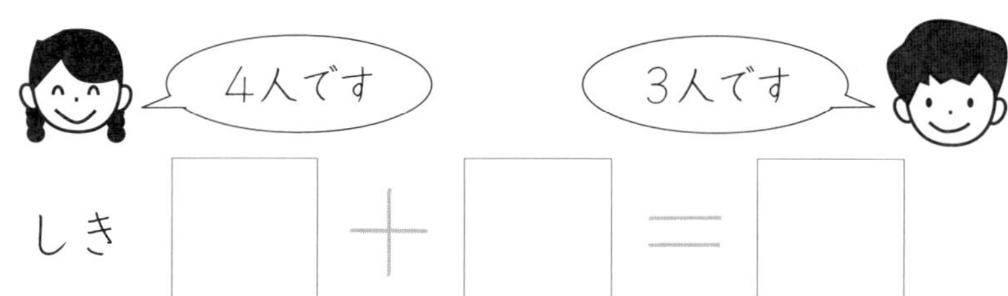

こたえ　□ にん

2　男の子が　5人　はしって　います。
女の子が　4人　はしって　います。
子どもは、みんなで　なん人ですか。

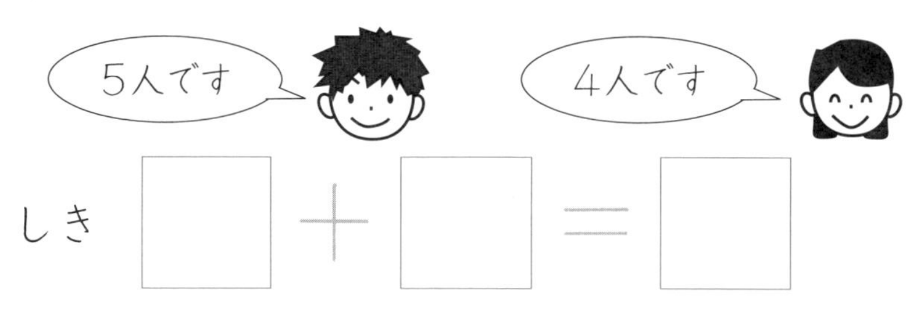

こたえ　□ にん

33 ９までのたしざん ④

月　日

1 いけに　金(きん)ぎょが　４ひき　います。
そこへ　３びき　入(い)れました。
金(きん)ぎょは、ぜんぶで　なんびきですか。

しき　□＋□＝□

こたえ　□ひき

2 車(くるま)が　３だい　とまって　います。
そこへ　４だい　きて、とまりました。
車(くるま)は、ぜんぶで　なんだいですか。

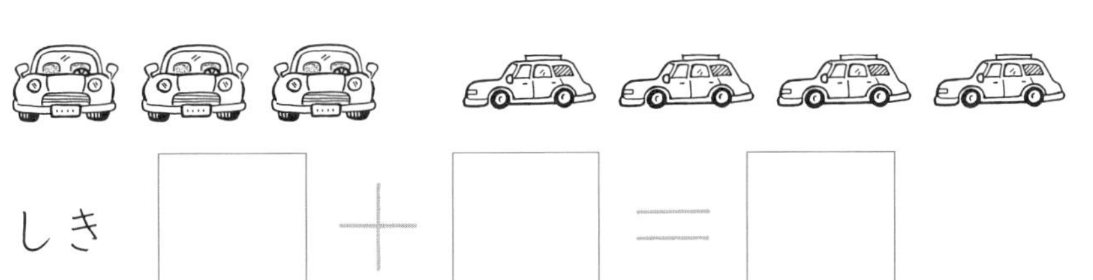

しき　□＋□＝□

こたえ　□だい

34 9までのたしざん ⑤

月　日

1 いけに　あひるが　2わ　います。
そこへ　4わ　きました。
あひるは、ぜんぶで　なんわですか。

しき □ ＋ □ ＝ □

こたえ □ わ

2 さらに　いちごが　4こ　あります。
そこへ　2こ　入（い）れました。
いちごは、ぜんぶで　なんこですか。

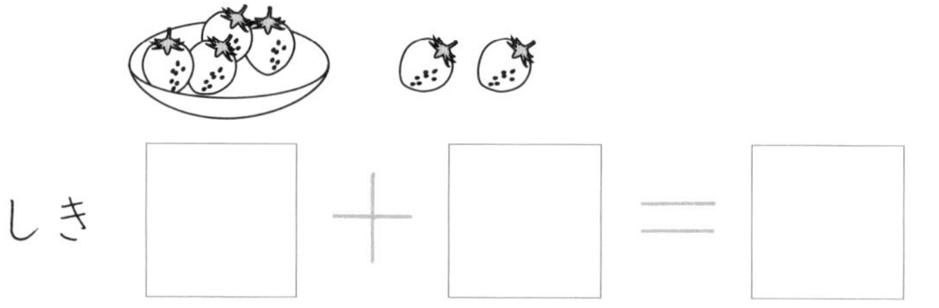

しき □ ＋ □ ＝ □

こたえ □ こ

35 9までのたしざん ⑥

月　日

1 すなばに　子(こ)どもが　6人(にん)　います。
そこへ　3人(にん)　きました。
子(こ)どもは、みんなで　なん人(にん)ですか。

しき □ ＋ □ ＝ □

こたえ □ にん

2 ざるに　きゅうりが　7本(ほん)　あります。
そこへ　2本(ほん)　入(い)れました。
きゅうりは、ぜんぶで　なん本(ぼん)ですか。

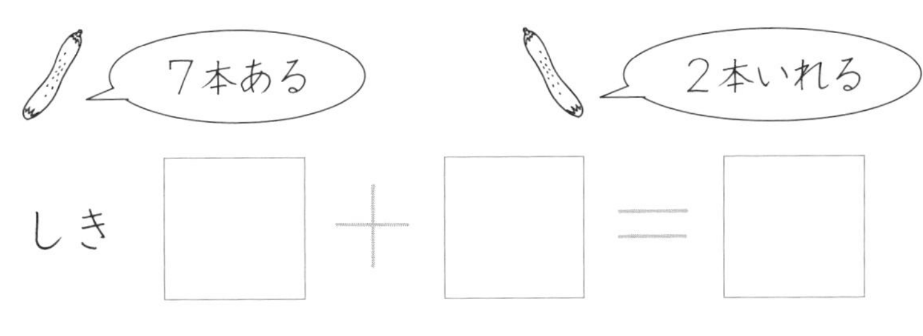

しき □ ＋ □ ＝ □

こたえ □ ほん

36 9までのたしざん ⑦

月　日

1　白(しろ)いぼうしが　4こ　あります。
青(あお)いぼうしが　4こ　あります。
ぼうしは、あわせて　なんこですか。

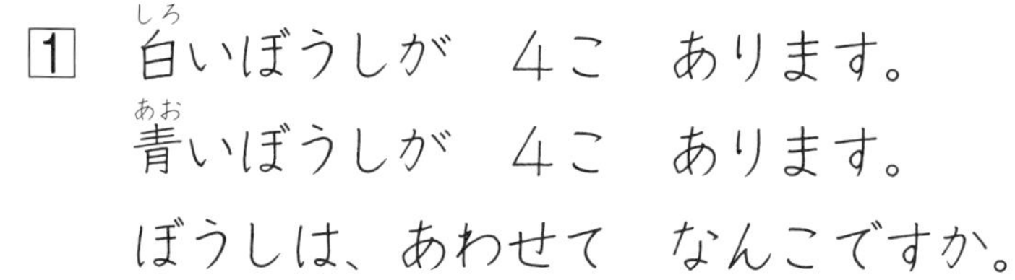

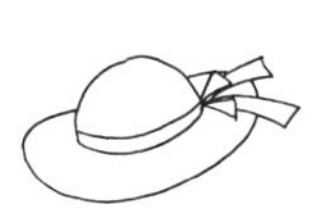

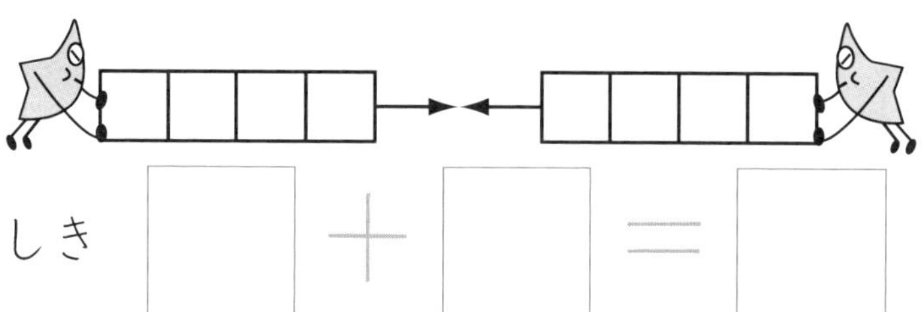

しき　□ ＋ □ ＝ □

こたえ　□ こ

2　赤(あか)いおりがみが　3まい　あります。
水(みず)いろのおりがみが　5まい　あります。
おりがみは、あわせて　なんまいですか。

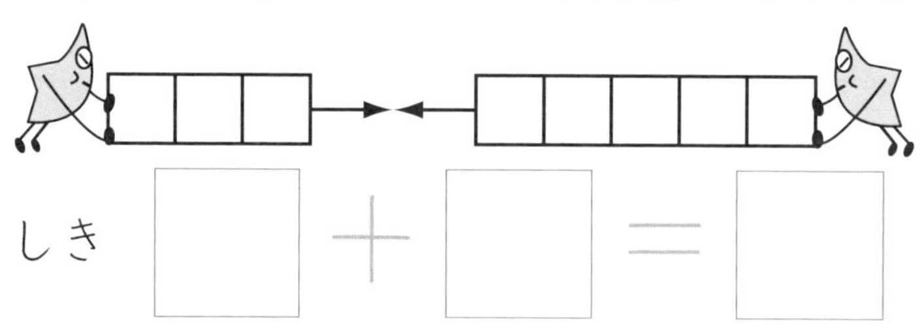

しき　□ ＋ □ ＝ □

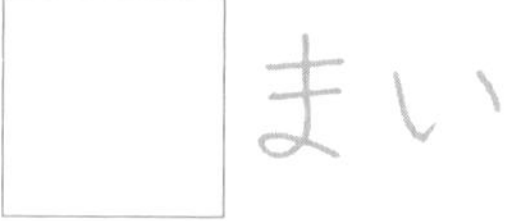

こたえ　□ まい

37 9までのたしざん ⑧

月　日

1 白い車が　6だい　あります。
青い車が　1だい　あります。
車は、あわせて　なんだいですか。

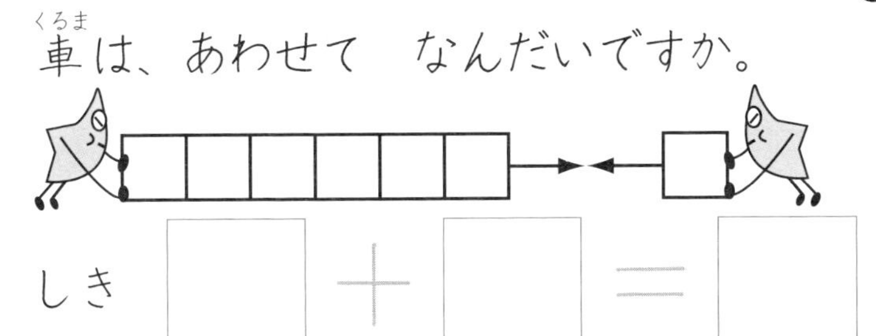

しき　□ ＋ □ ＝ □

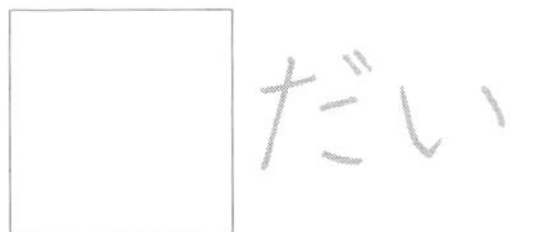

こたえ　□ だい

2 木の本が　1さつ　あります。
花の本が　5さつ　あります。
本は、あわせて　なんさつですか。

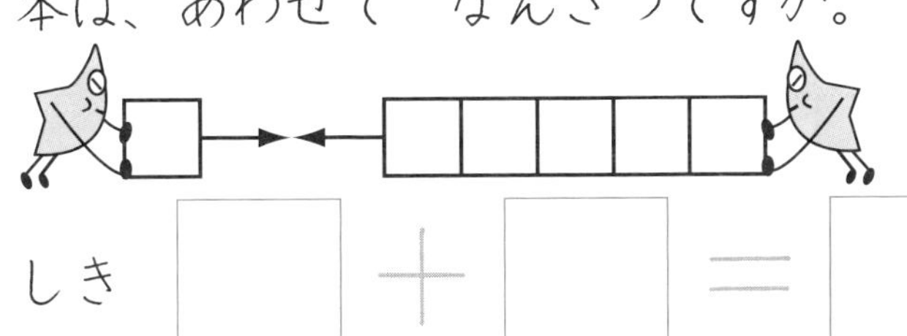

しき　□ ＋ □ ＝ □

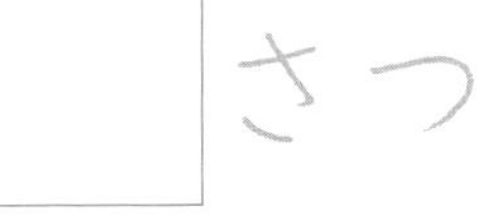

こたえ　□ さつ

38 9までのたしざん ⑨

月　日

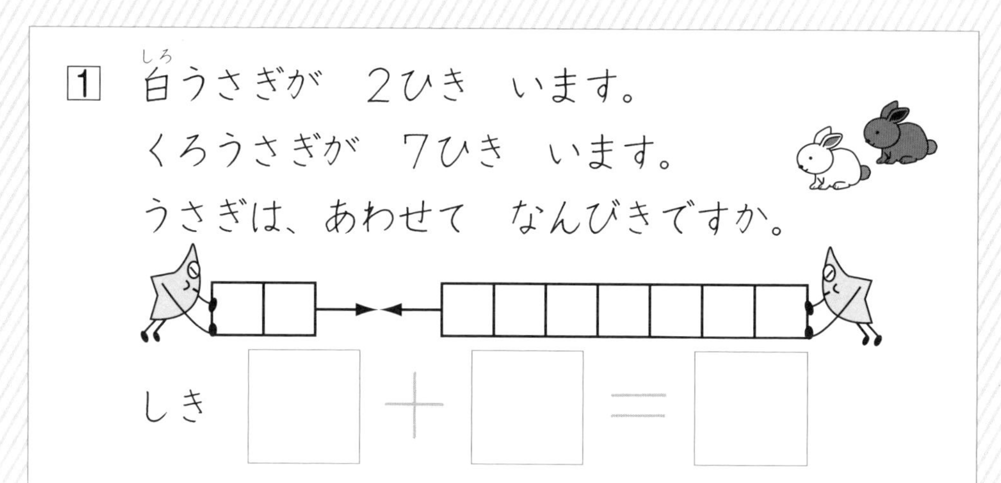

1 白うさぎが　2ひき　います。
くろうさぎが　7ひき　います。
うさぎは、あわせて　なんびきですか。

しき □ ＋ □ ＝ □

こたえ □ ひき

2 男の子が　4人　います。
女の子が　3人　います。
子どもは、みんなで　なん人ですか。

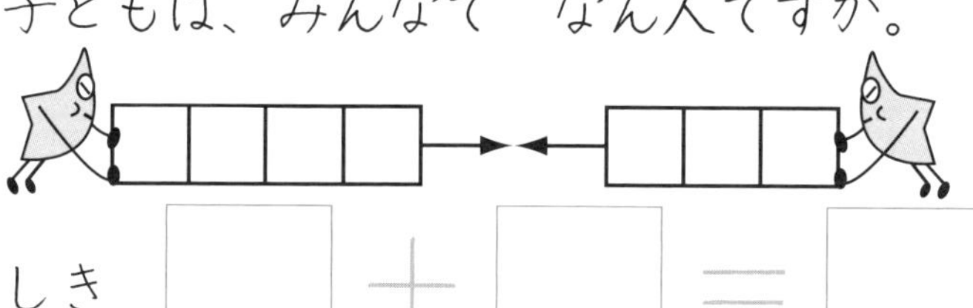

しき □ ＋ □ ＝ □

こたえ □ にん

9までのたしざん ⑩

月　日

1　本ばこに　本が　6さつ　あります。
そこへ　2さつ　入れました。
本は、ぜんぶで　なんさつですか。

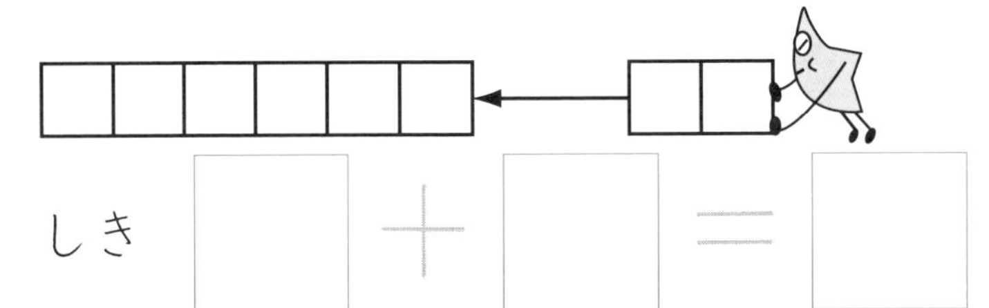

しき　□＋□＝□

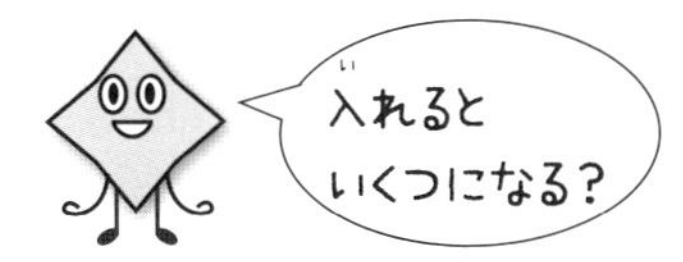

こたえ
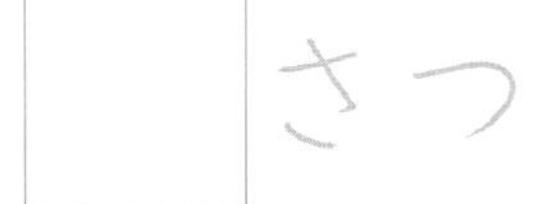

2　はこに　あめが　3こ　あります。
そこへ　6こ　入れました。
あめは、ぜんぶで　なんこですか。

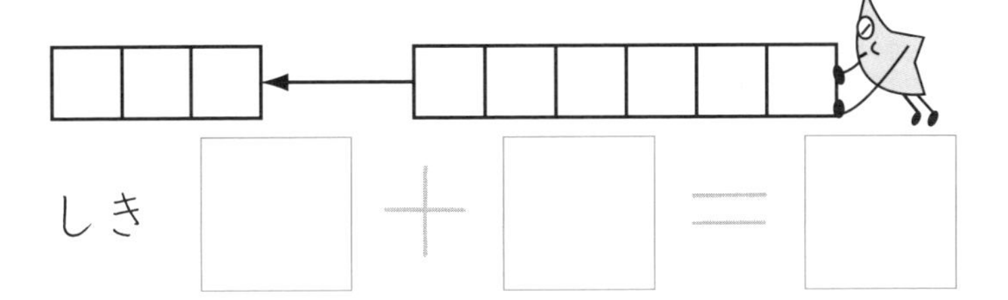

しき　□＋□＝□

こたえ

9までのたしざん ⑪

月　日

1　さらに　さくらんぼが　4こ　あります。
そこへ　5こ　入れました。
さくらんぼは、ぜんぶで　なんこですか。

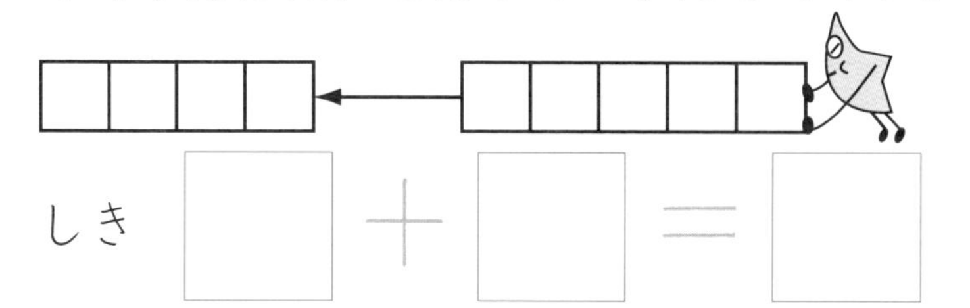

しき　□ ＋ □ ＝ □

こたえ

2　いけに　こいが　2ひき　います。
そこへ　6ぴき　入れました。
こいは、ぜんぶで　なんびきですか。

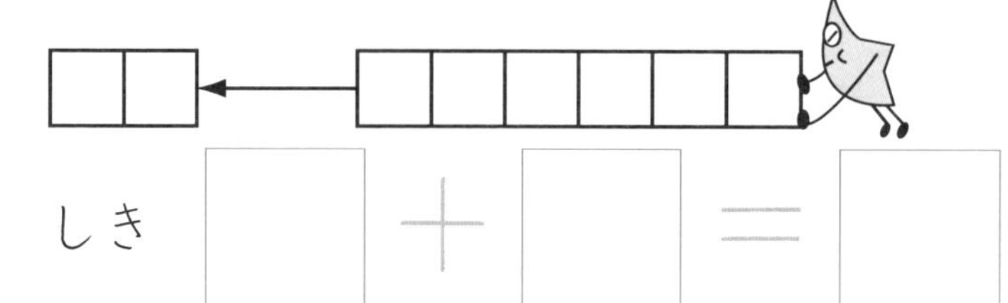

しき　□ ＋ □ ＝ □

こたえ

月　　日

1　こうえんに　子どもが　3人　います。
そこへ　3人　きました。
子どもは、みんなで　なん人ですか。

しき　□ ＋ □ ＝ □

こたえ
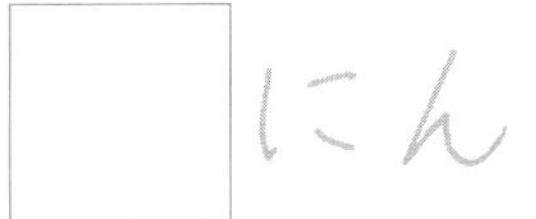

2　かごに　くりが　6こ　あります。
そこへ　3こ　入れました。
くりは、ぜんぶで　なんこですか。

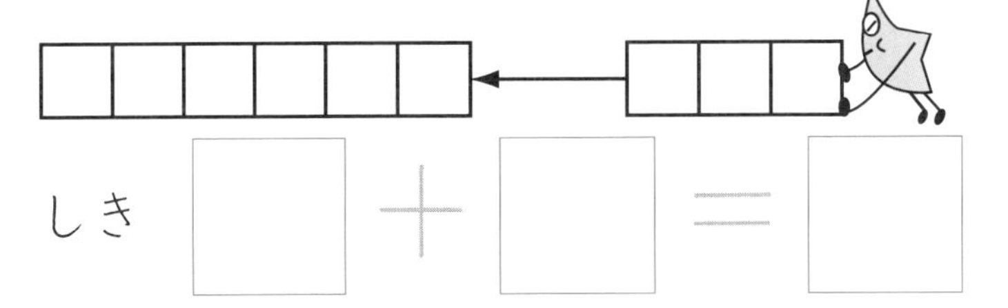

こたえ

9までの ひきざん ①

月　日

1 チョコレート（ちょこれえと）が　6こ　あります。
1こ　たべました。
チョコレートは、のこり　なんこですか。

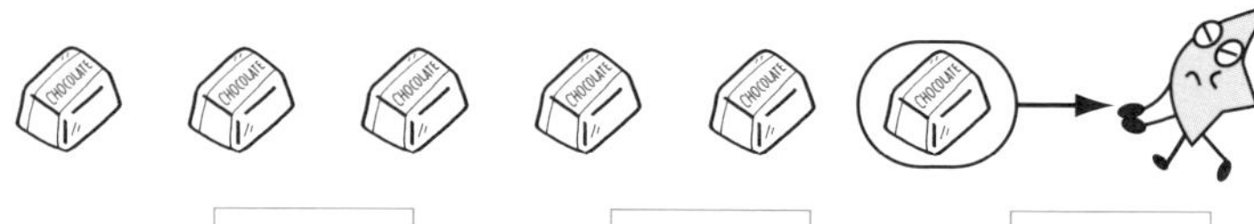

しき　□ － □ ＝ □

こたえ　□こ

2 おりがみが　7まい　あります。
いもうとに　4まい　あげました。
おりがみは、のこり　なんまいですか。

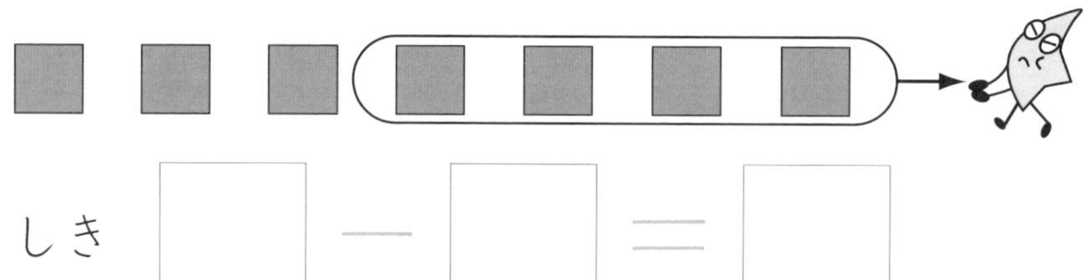

しき　□ － □ ＝ □

こたえ　□まい

月　日

1　クッキーが　6こ　あります。
2こ　たべました。
クッキーは、のこり　なんこですか。

しき　□ － □ ＝ □

こたえ　□ こ

2　いけに　金ぎょが　7ひき　います。
あみで　3びき　すくいました。
金ぎょは、のこり　なんびきですか。

しき　□ － □ ＝ □

こたえ　□ ひき

9までのひきざん ③

月　日

1 ぎゅうにゅうが　9本(ほん)　あります。
2本(ほん)　のみました。
ぎゅうにゅうは、のこり　なん本(ぼん)ですか。

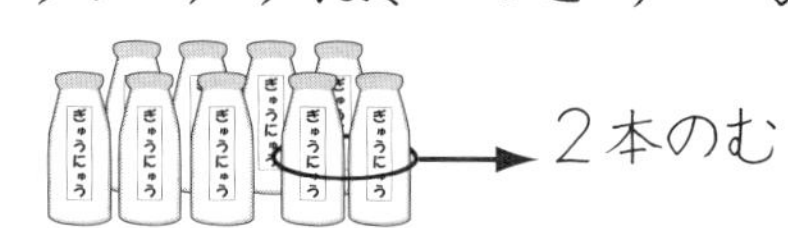

しき　□ －  

こたえ 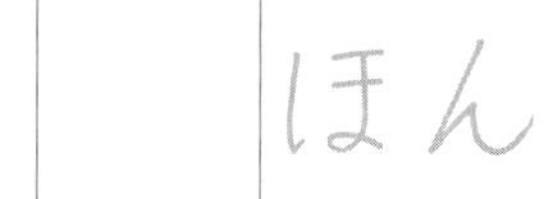

2 子(こ)どもが　8人(にん)　います。
3人(にん)　かえりました。
子(こ)どもは、のこり　なん人(にん)ですか。

しき　□ －  

こたえ 

1　はとが　8わ　います。

2わ　とびたちました。

はとは、のこり　なんわですか。

しき　□ － □ ＝ □

こたえ　□わ

2　たまごが　8こ　あります。

4こ　つかいました。

たまごは、のこり　なんこですか。

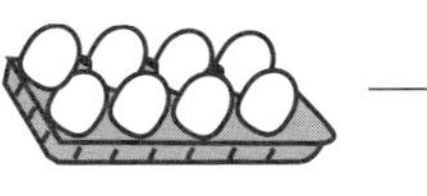

しき　□ － □ ＝ □

こたえ 

1 さくらもちが　9こ　あります。
5こ　たべました。
さくらもちは、のこり　なんこですか。

しき □ － □ ＝ □

こたえ □ こ

2 いちごが　7こ　あります。
5こ　たべました。
いちごは、のこり　なんこですか。

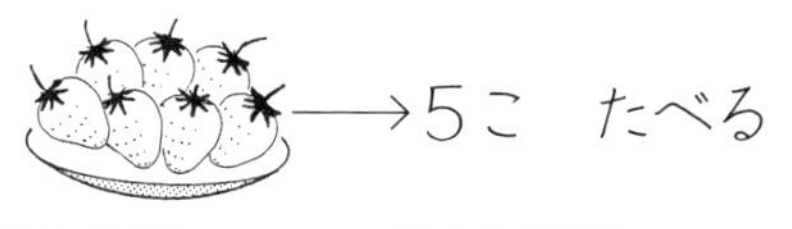

しき □ － □ ＝ □

こたえ □ こ

47 9までのひきざん ⑥

月　　日

1　いすに、子どもが　6人　すわって　います。
そのうちの　3人が　かえりました。
子どもは、なん人　のこって　いますか。

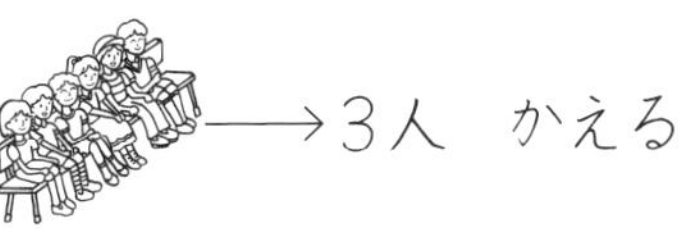

しき　□ − □ ＝ □

こたえ　□ にん

2　みせに　かぼちゃが　9こ　あります。
6こ　うれました。
かぼちゃは、なんこ　のこって　いますか。

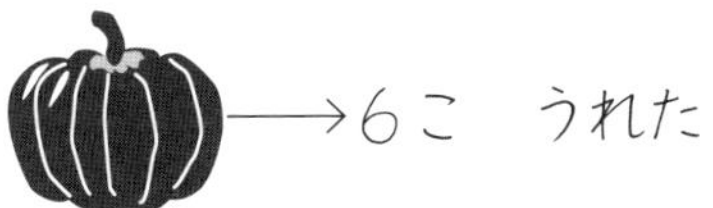

しき　□ − □ ＝ □

こたえ　□ こ

月　日

1　子どもが　8人　います。
男の子は　4人です。
女の子は、なん人ですか。

しき　□ ー □ ＝ □

こたえ　□ にん

2　子どもが　9人　います。
女の子は　4人です。
男の子は、なん人ですか。

しき　□ ー □ ＝ □

こたえ　□ にん

49 9までのひきざん ⑧

月　日

1　こいと　かめと　あわせて　7ひき　います。
こいは　4ひきで、あとは　かめです。
かめは　なんびきですか。

こい　　かめ

しき □ － □ ＝ □

こたえ □ びき

2　あひると　かもと　あわせて　6わ　います。
あひるは　2わです。
かもは　なんわですか。

あひる　　かも

しき □ － □ ＝ □

こたえ □ わ

50 9までのひきざん ⑨

月　日

1 ねこが　8ひき　います。いぬが　5ひき　います。ねこと　いぬの　かずの　ちがいは　なんびきですか。

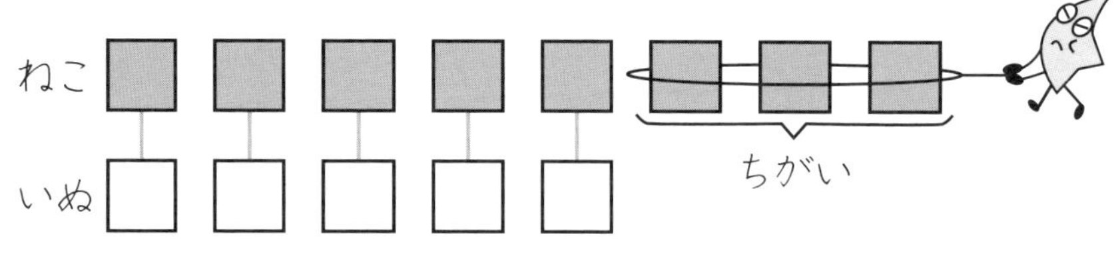

しき　8 － □ ＝ □

こたえ　□ ひき

2 こいが　6ぴき　います。ふなが　4ひき　います。こいと　ふなの　かずの　ちがいは　なんびきですか。

しき　□ － □ ＝ □

こたえ　□ ひき

9までのひきざん ⑩

月　日

1　なしが　7こ　あります。かきが　1こ　あります。なしと　かきの　かずの　ちがいは　なんこですか。

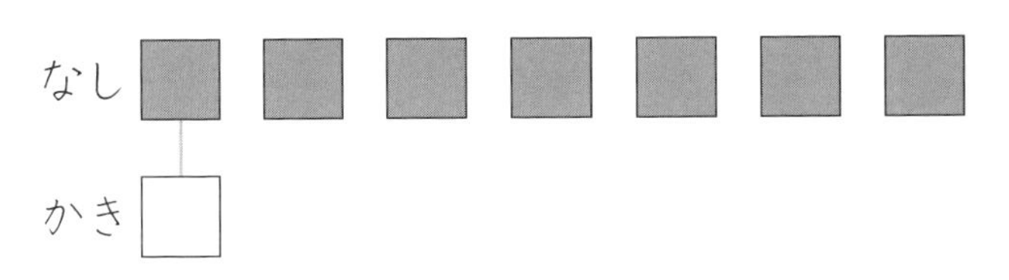

しき　7 － □ ＝ □

こたえ　□ こ

2　うしが　6とう　います。うまが　5とう　います。うしと　うまの　かずの　ちがいは　なんとうですか。

こたえ　□ とう

52 9までのひきざん ⑪

月　日

1　たぬきが　8ひき　います。きつねが　6ぴき　います。たぬきは、きつねより　なんびき　おおいですか。

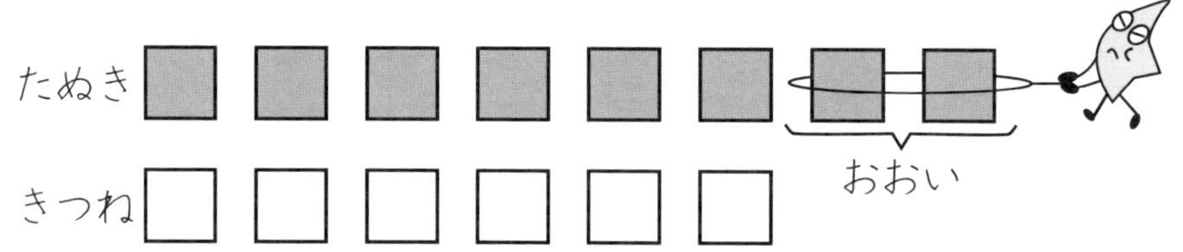

しき　8　－　□　＝　□

こたえ　□　ひき

2　はとが　7わ　います。からすが　3わ　います。はとは、からすより　なんわ　おおいですか。

しき　□　－　□　＝　□

こたえ　□　わ

53 9までのひきざん ⑫

月　日

1　りんごが　9こ　あります。ももが　7こ　あります。りんごの　ほうが　なんこ　おおいですか。

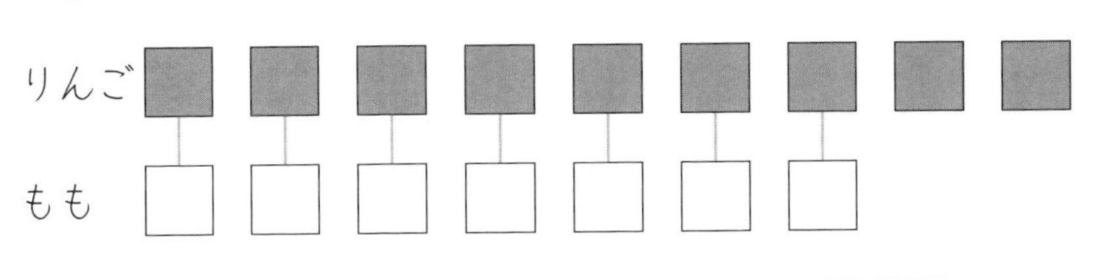

しき　9 － □ ＝ □

こたえ　□こ

2　りすが　9ひき　います。うさぎが　3びき　います。りすの　ほうが　なんびき　おおいですか。

しき　□ － □ ＝ □

こたえ　□ぴき

54 9までのひきざん ⑬

月　日

1　やぎが　8ひき　います。ひつじが　9ひき　います。ひつじの　ほうが　なんびき　おおいですか。

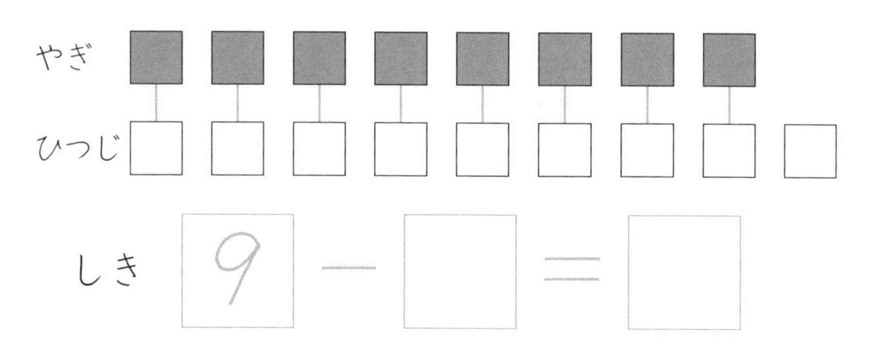

こたえ □ ぴき

2　にわとりが　6わ　います。あひるが　7わ　います。あひるの　ほうが　なんわ　おおいですか。

こたえ □ わ

55 9までのひきざん ⑭

月　日

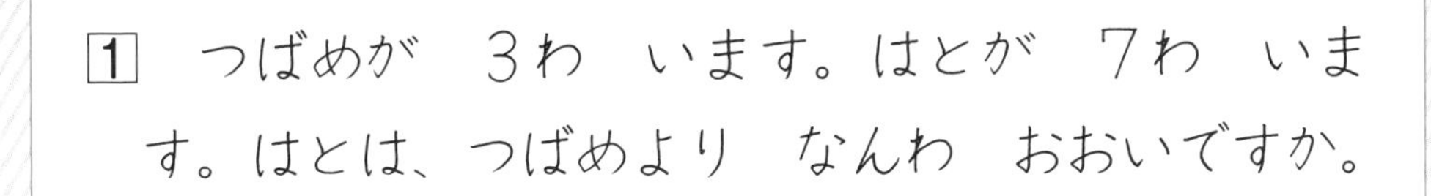

1 つばめが　3わ　います。はとが　7わ　います。はとは、つばめより　なんわ　おおいですか。

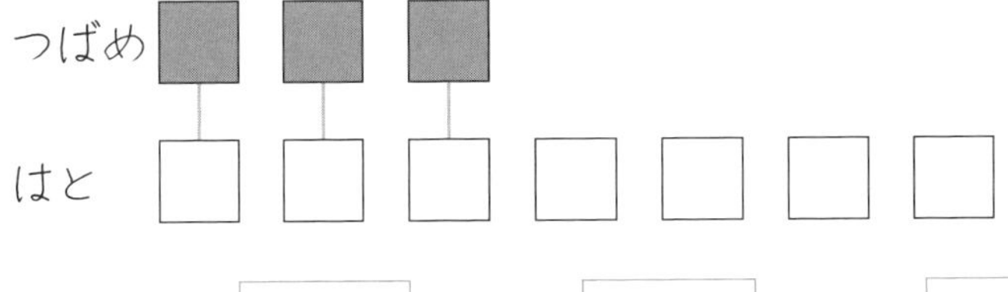

しき　7 − □ = □

こたえ　□ わ

2 かきが　5こ　あります。りんごが　7こ　あります。りんごは、かきより　なんこ　おおいですか。

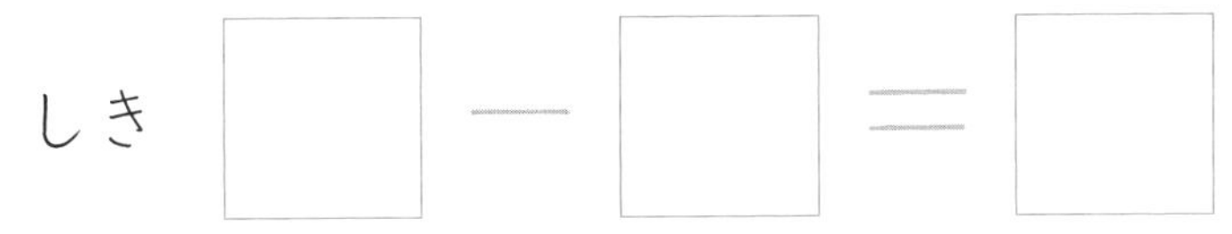

しき　□ − □ = □

こたえ　□ こ

9までのひきざん ⑮

月　日

1　すいかが　6こ　あります。メロン（めろん）が　5こ　あります。どちらが　なんこ　おおいですか。

すいか ■■■■■■

メロン □□□□□

「どちらが」ときかれているよ。こたえかたにちゅうい！

しき　6 － □ ＝ □

こたえ　すいかが □ こおおい

2　めんどりが　8わ　います。おんどりが　2わ　います。どちらが　なんわ　おおいですか。

めんどり ■■■■■■■■

おんどり □□

しき　□ － □ ＝ □

こたえ　めんどりが □ わおおい

9までのひきざん ⑯

月　日

1 なしが　6こ　あります。かきが　7こ　あります。どちらが　なんこ　おおいですか。

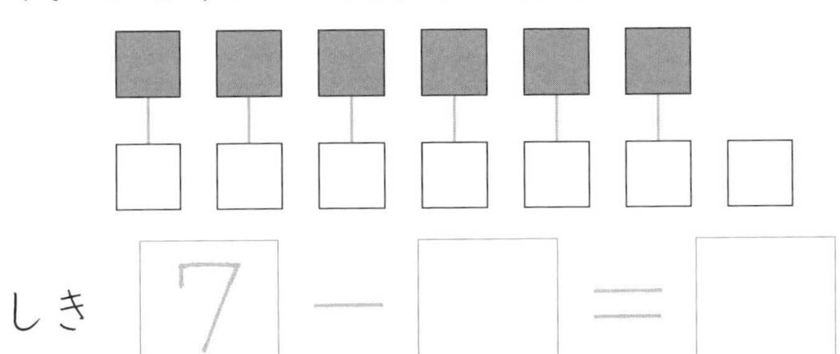

しき 7 － □ ＝ □

こたえ かきが □ こおおい

2 ねこが　2ひき　います。ねずみが　7ひき　います。どちらが　なんびき　おおいですか。

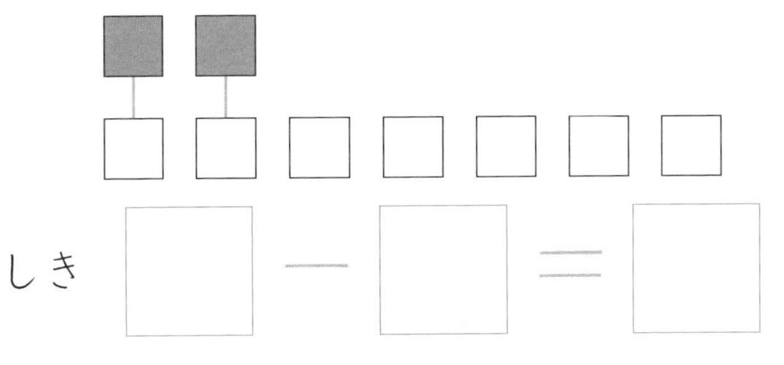

しき □ － □ ＝ □

こたえ ねずみが □ ひきおおい

58 10になるたしざん ①

月　日

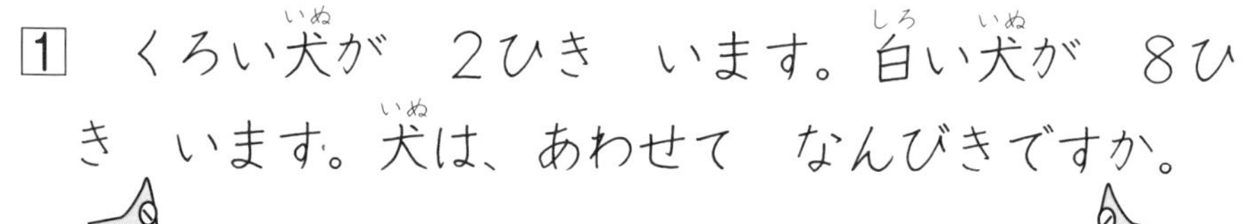

1 くろい犬が　2ひき　います。白い犬が　8ひき　います。犬は、あわせて　なんびきですか。

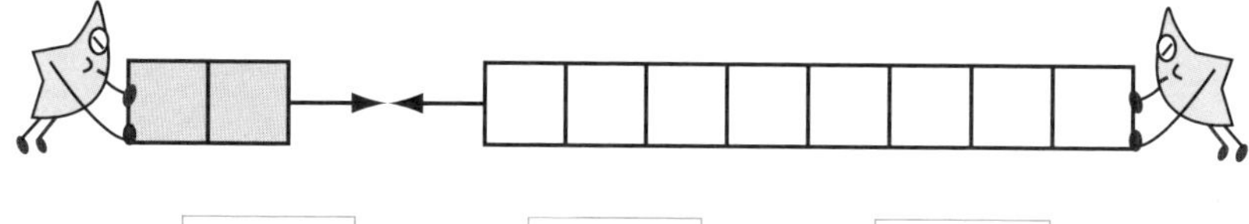

しき　2 ＋ □ ＝ □

こたえ　□ ぴき

2 男の子が　5人　います。女の子も　5人　います。子どもは、みんなで　なん人ですか。

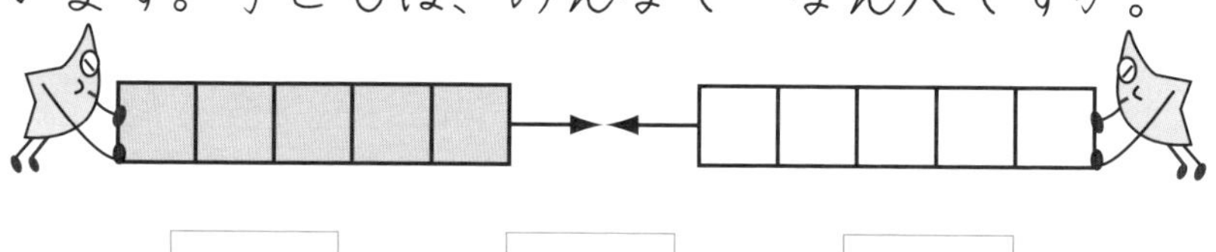

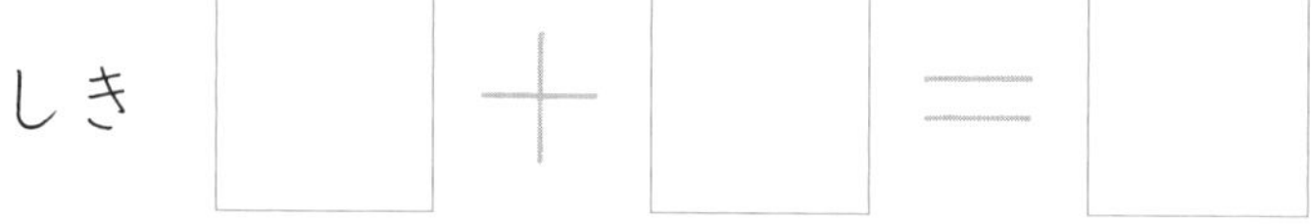

しき　□ ＋ □ ＝ □

こたえ　□ 人

59 10になるたしざん ②

月　日

1　はこに　ジュース（じゅうす）が　4本（ほん）　あります。そこへ　6本（ぽん）　入（い）れました。ジュースは、ぜんぶで　なん本（ぼん）ですか。

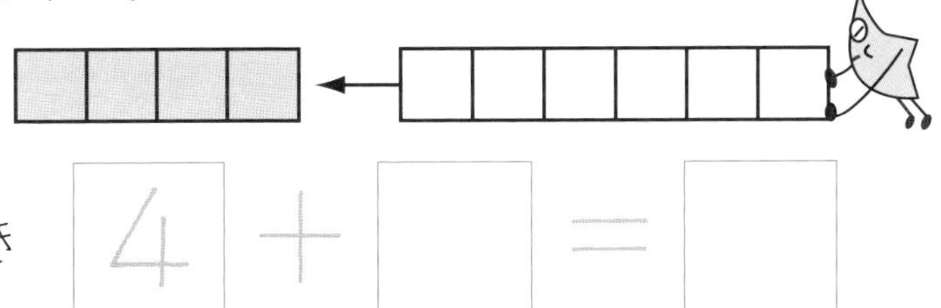

しき　4 ＋ □ ＝ □

こたえ　□ 本

2　ざるに　くりが　7こ　あります。そこへ　3こ　入（い）れました。くりは、ぜんぶで　なんこですか。

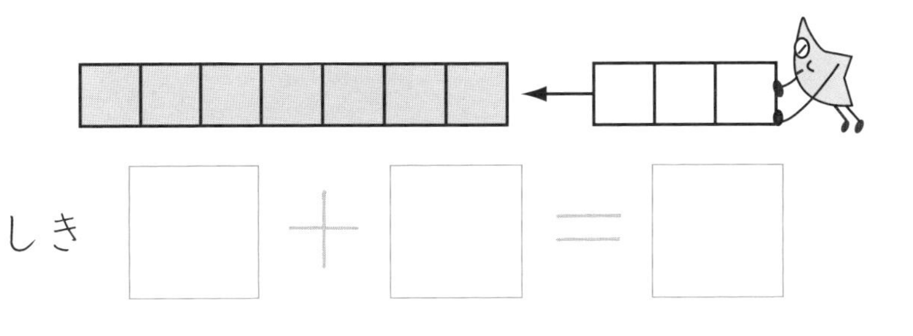

しき　□ ＋ □ ＝ □

こたえ　□ こ

60 くりあがりのたしざん ①

月　日

1 みけねこが　5ひき　います。とらねこが　7ひき　います。ねこは、あわせて　なんびきですか。

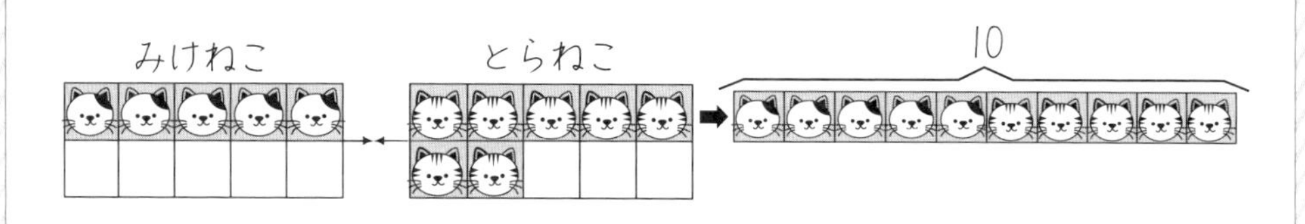

しき　5 ＋ 7 ＝ 12

10をつくれば
かぞえやすいよ。

こたえ

2 赤(あか)い花(はな)が　6本(ぽん)　あります。青(あお)い花(はな)が　5本(ほん)　あります。花(はな)は、あわせて　なん本(ぼん)ですか。

赤い花　青い花

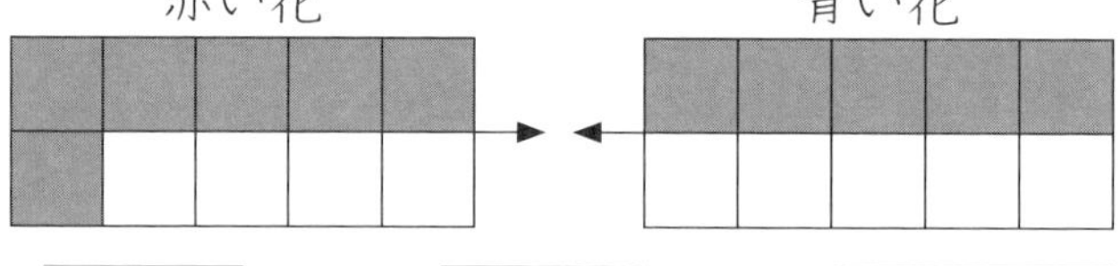

しき　6 ＋ □ ＝ □

こたえ

月　日

1　虫(むし)の本(ほん)が　8さつ　あります。花(はな)の本(ほん)が　4さつ　あります。本(ほん)は、あわせて　なんさつですか。

虫の本　　花の本

しき　8 ＋ □ ＝ □

こたえ　□ さつ

2　白(しろ)い花(はな)が　9本(ほん)　あります。赤(あか)い花(はな)が　2本(ほん)　あります。花(はな)は、あわせて　なん本(ぼん)ですか。

白い花　　赤い花

しき　□ ＋ □ ＝ □

こたえ　□ 本

くりあがりのたしざん ③

月　日

1　あんパン（ぱん）が　9こ　あります。ジャム（じゃむ）パンが　6こ　あります。あわせて　なんこですか。

あんパン　ジャムパン

しき　□ ＋ □ ＝ □

こたえ　□ こ

2　赤（あか）りんごが　6こ　あります。青（あお）りんごが　6こ　あります。あわせて　なんこですか。

赤りんご　青りんご

しき　□ ＋ □ ＝ □

こたえ　□ こ

月　日

1　男子が　6人、女子が　8人　います。
男女　あわせて　なん人ですか。

男子　　　　女子

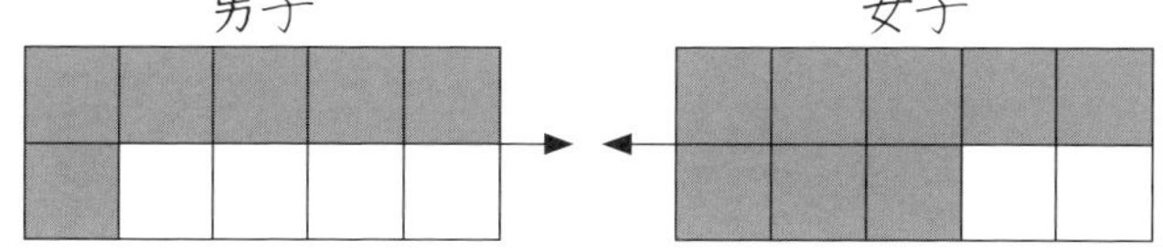

しき　□ ＋ □ ＝ □

こたえ　□ 人

2　くろぶたが　9ひき、白ぶたが　7ひき　います。ぶたは、あわせて　なんびきですか。

くろぶた　　　　白ぶた

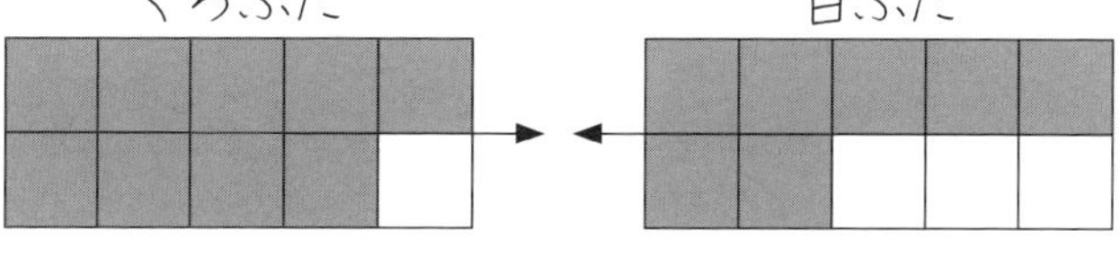

しき　□ ＋ □ ＝ □

こたえ　□ ぴき

くりあがりの たしざん ⑤

月　日

1　山(やま)の カード(かあど)が　7まい、川(かわ)の カードが　8まい　あります。カードは、あわせて　なんまいですか。

山のカード　川のカード

しき　□ ＋ □ ＝ □

こたえ　□ まい

2　草(くさ)の 本(ほん)が　3さつ、花(はな)の 本(ほん)が　8さつ　あります。本(ほん)は、あわせて　なんさつですか。

草の本　花の本

しき　□ ＋ □ ＝ □

こたえ　□ さつ

月　日

1　ぼくも　いもうとも、花火（はなび）を　8本（ぽん）ずつ　もって　います。花火（はなび）は、あわせて　なん本（ぼん）ですか。

ぼく　　いもうと

しき　□ ＋ □ ＝ □

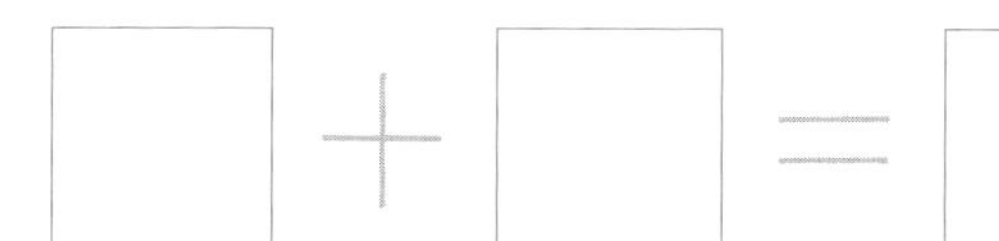

こたえ　□本

2　くろくまが　9とう、白（しろ）くまが　3とう　います。くまは、あわせて　なんとうですか。

くろくま

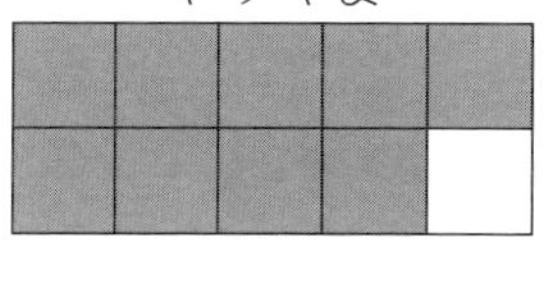

白くま

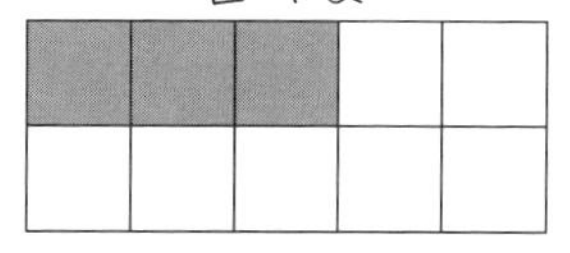

しき　□ ＋ □ ＝ □

こたえ　□とう

66 くりあがりのたしざん ⑦

月　日

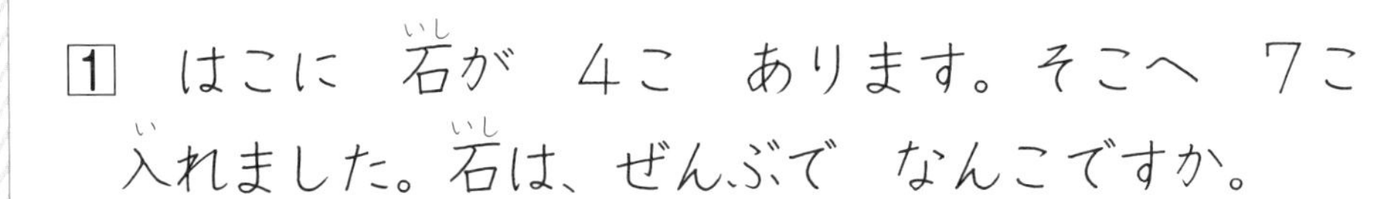

1　はこに　石(いし)が　4こ　あります。そこへ　7こ入(い)れました。石(いし)は、ぜんぶで　なんこですか。

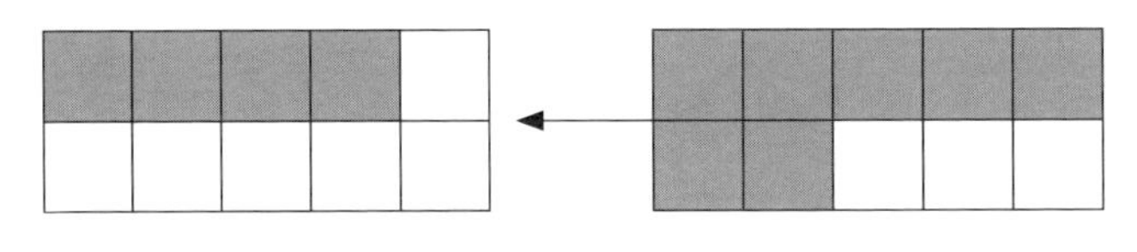

しき　4 ＋ 7 ＝

こたえ　　こ

2　いけに　かめが　5ひき　います。そこへ　8ひき　入(い)れました。かめは、ぜんぶで　なんびきですか。

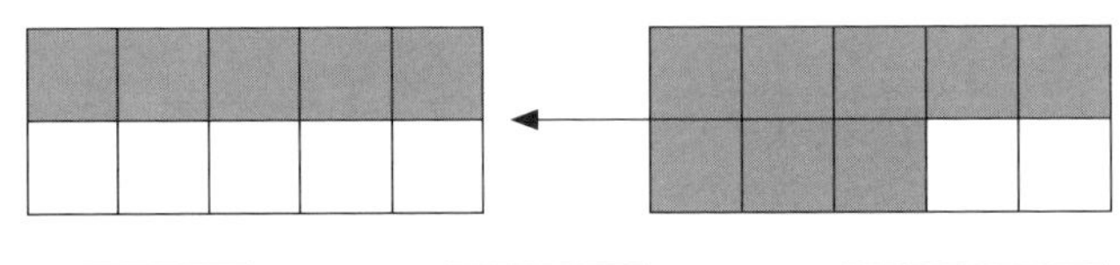

しき　＋　＝

こたえ　　びき

67 くりあがりのたしざん ⑧

月　日

1 はこに パンが 8こ あります。そこへ 5こ 入れました。ぜんぶで なんこですか。

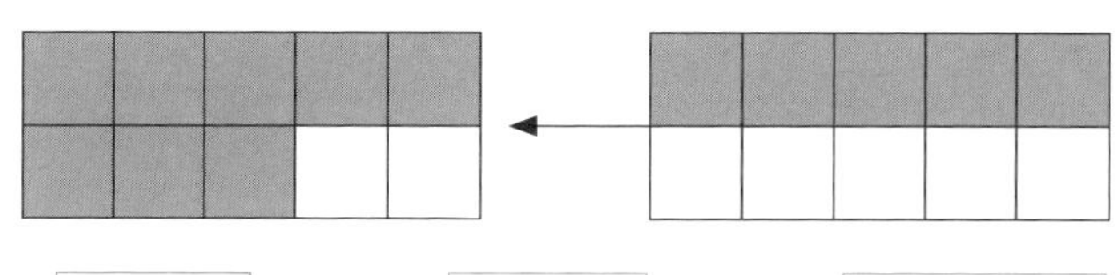

しき 8 ＋ □ ＝ □

こたえ □ こ

2 ざるに くりが 7こ あります。そこへ 7こ 入れました。ぜんぶで なんこですか。

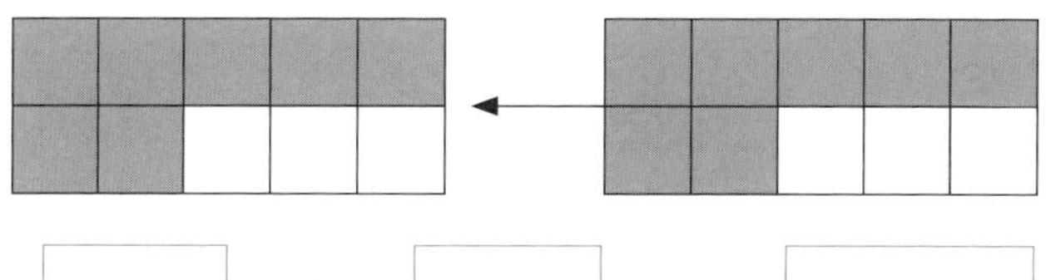

しき □ ＋ □ ＝ □

こたえ □ こ

68 くりあがりのたしざん ⑨

月　　日

1　いけに　こいが　8ひき　います。そこへ　6ぴき　入れます。ぜんぶで　なんびきですか。

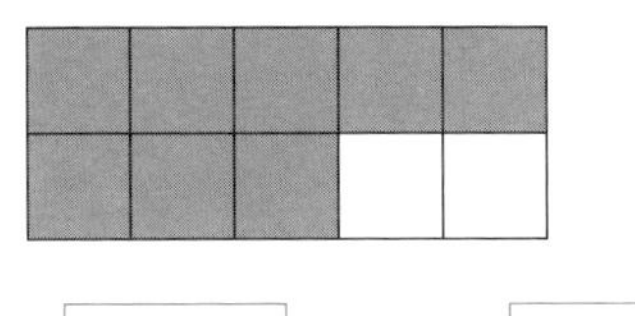 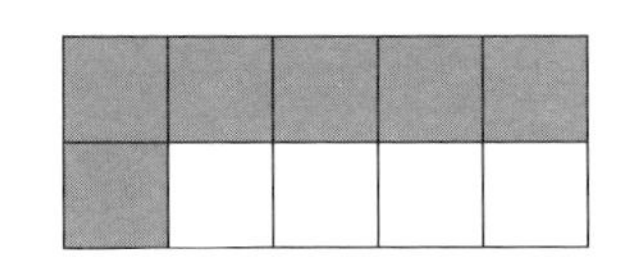

しき  

こたえ 

2　かんに　あめが　7こ　あります。そこへ　5こ　入れます。ぜんぶで　なんこですか。

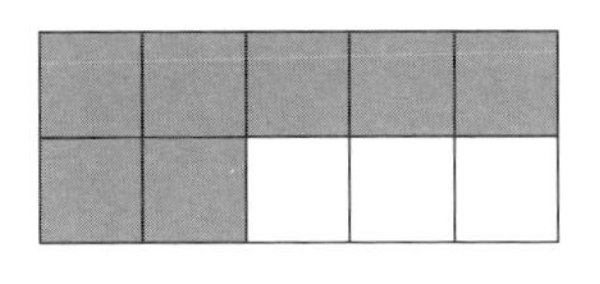 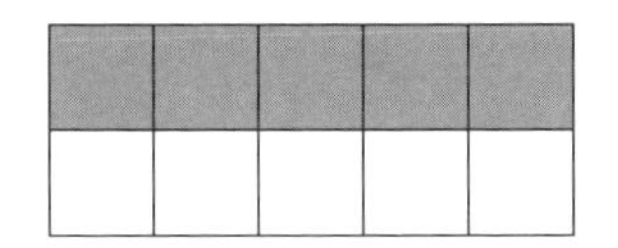

しき　□ ＋ □ ＝ 

こたえ 

69 くりあがりのたしざん ⑩

月　日

1　おりづるが　7わ　あります。もう　6わ　おりました。ぜんぶで　なんわですか。

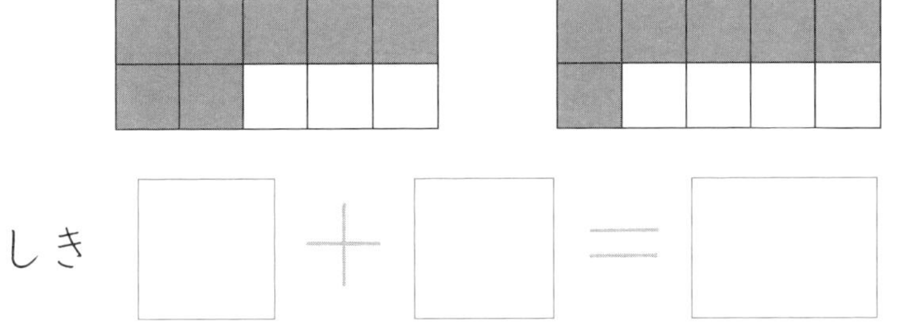

こたえ　□　わ

2　本(ほん)ばこに　本(ほん)が　9さつ　あります。そこへ　5さつ　いれました。ぜんぶで　なんさつですか。

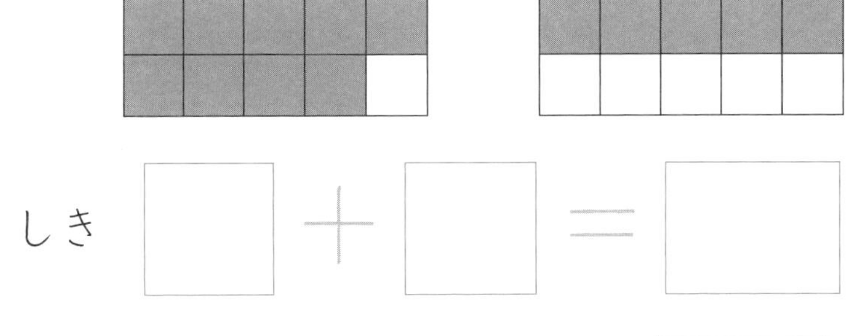

こたえ　□　さつ

70 くりあがりのたしざん ⑪

月　日

1　かごに　かきが　9こ　あります。そこへ　4こ入れます。ぜんぶで　なんこですか。

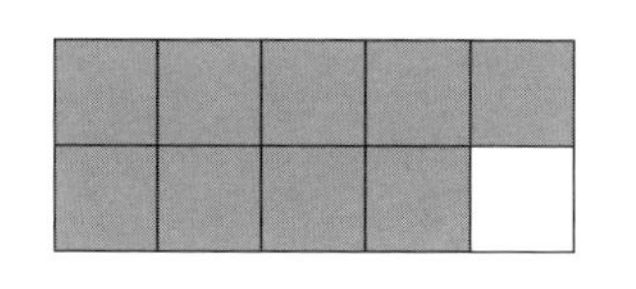 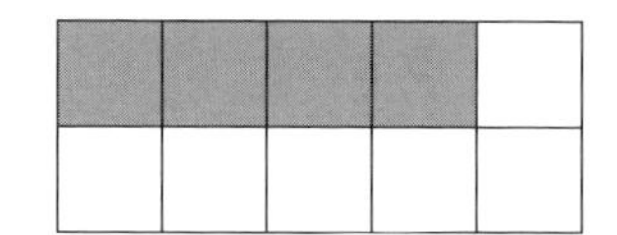

しき   

こたえ　　こ

2　すなばに　子どもが　6人　います。そこへ　7人　きました。みんなで　なん人ですか。

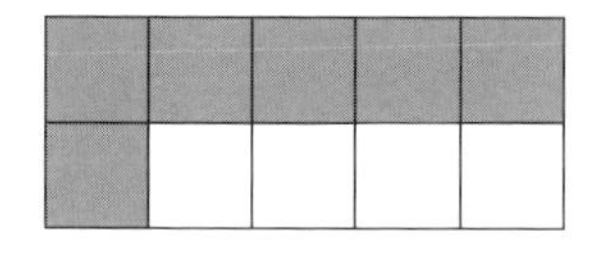 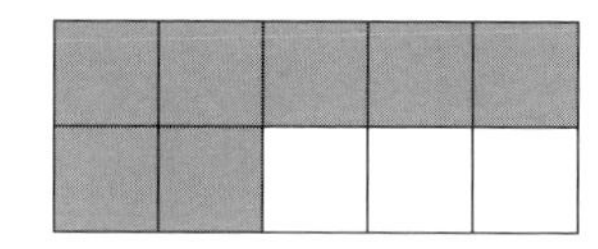

しき  

こたえ 

71 くりあがりのたしざん ⑫

月　日

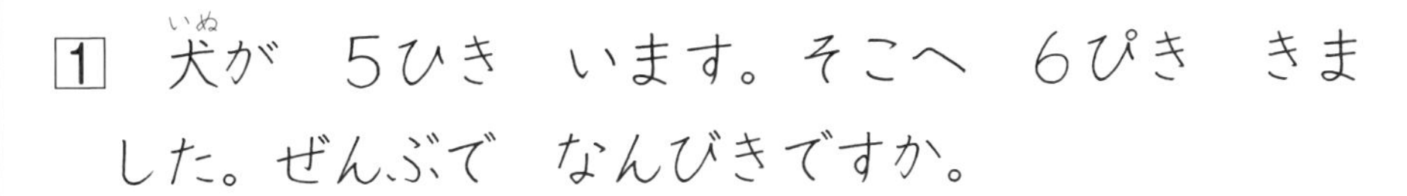

1　犬(いぬ)が　5ひき　います。そこへ　6ぴき　きました。ぜんぶで　なんびきですか。

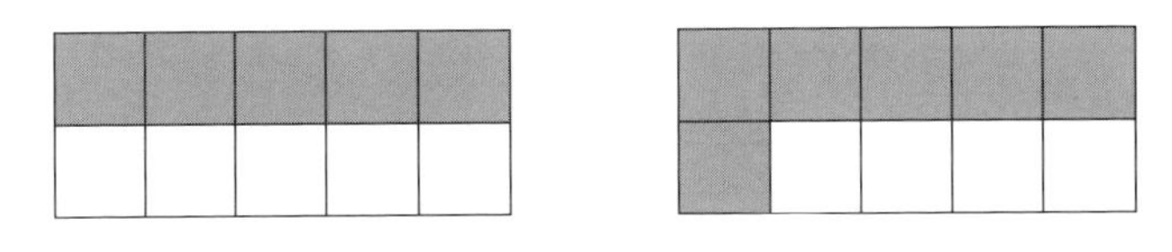

しき　□ ＋ □ ＝ □

こたえ　□ ぴき

2　車(くるま)が　4だい　あります。そこへ　8だい　きました。ぜんぶで　なんだいですか。

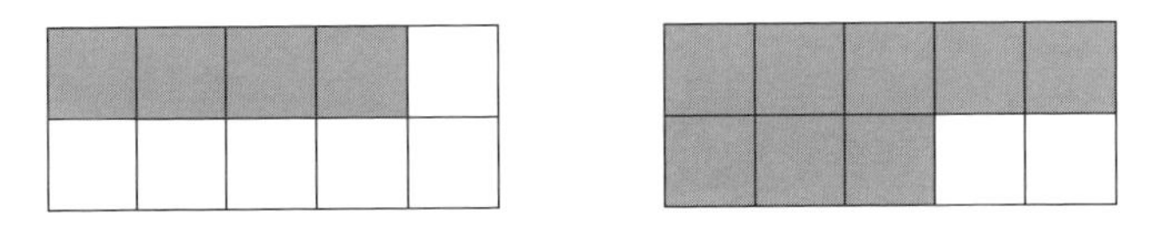

しき　□ ＋ □ ＝ □

こたえ　□ だい

72 10からひくひきざん ①

月　日

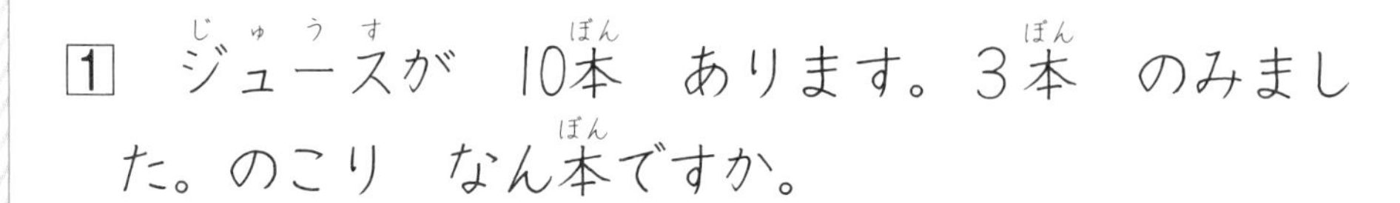

1 ジュースが　10本　あります。3本　のみました。のこり　なん本ですか。

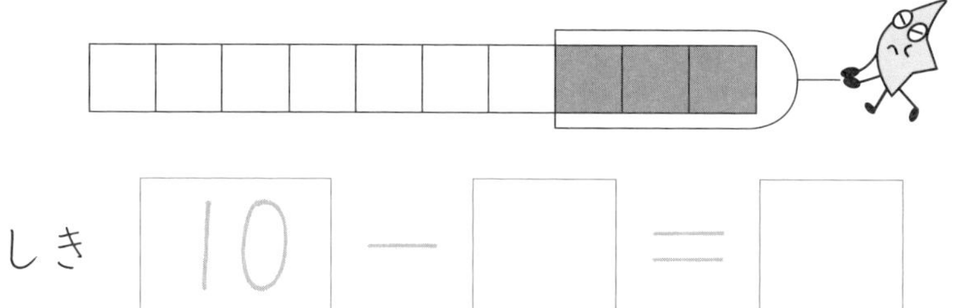

しき　10 － ☐ ＝ ☐

こたえ ☐ 本

2 おりがみが　10まい　あります。6まい　つかいました。のこり　なんまいですか。

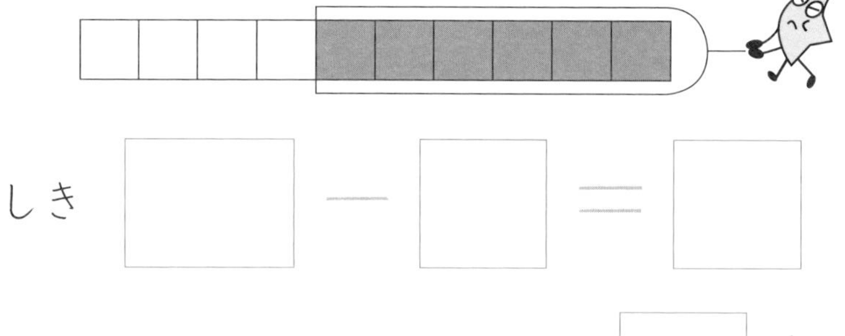

しき　☐ － ☐ ＝ ☐

こたえ ☐ まい

73 10からひくひきざん ②

月　日

1　男の子と　女の子は、みんなで　10人です。男の子は　5人です。女の子は　なん人ですか。

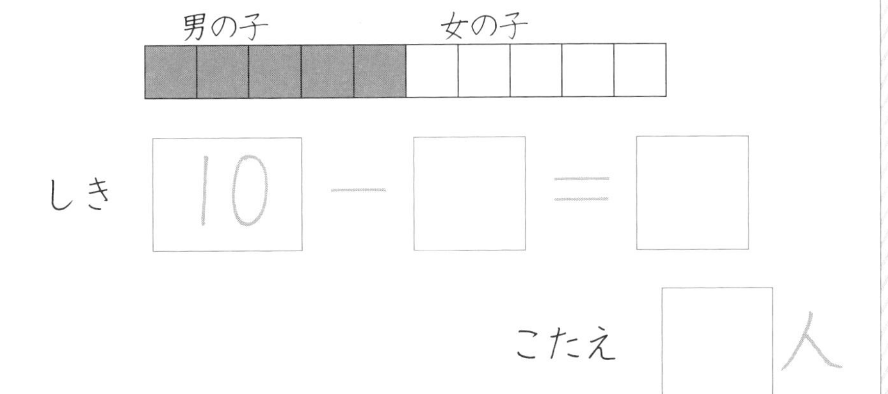

2　赤い玉と　青い玉は、あわせて　10こです。青い玉は　2こです。赤い玉は　なんこですか。

赤い玉　青い玉

しき　□ ー □ ＝ □

こたえ　□ こ

くりさがりのひきざん ①

月　日

1 はとが　11わ　います。6わ　とびたちました。はとは、のこり　なんわですか。

しき　11 － 6 ＝ 5

11を10と１にわけて 10のかたまりからひくと わかりやすいね。

こたえ　□わ

2 すなばに　子(こ)どもが　13人(にん)　います。5人(にん)　かえりました。子(こ)どもは、のこり　なん人(にん)ですか。

しき　13 － □ ＝ □

こたえ　□人

75 くりさがりのひきざん ②

月　日

1　いちごが　12こ　あります。6こ　たべました。
いちごは、のこり　なんこですか。

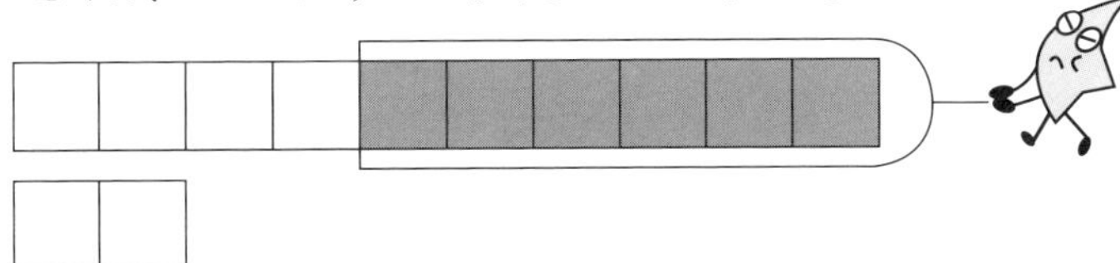

しき　12 － □ ＝ □

こたえ　□ こ

2　もちが　11こ　あります。4こ　たべました。
もちは、のこり　なんこですか。

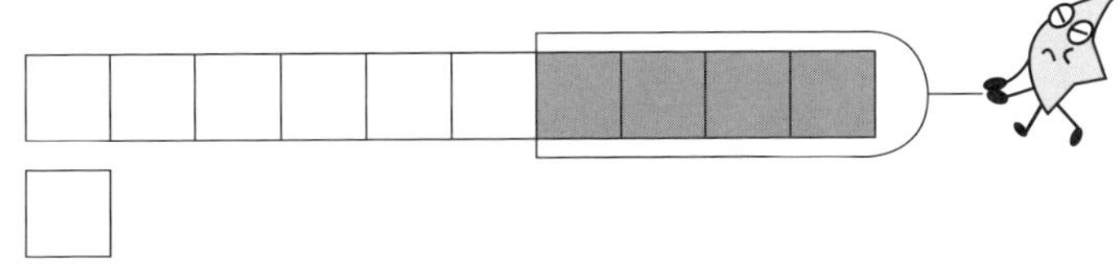

しき　□ － □ ＝ □

こたえ　□ こ

76 くりさがりのひきざん ③

月　日

1 メロン(めろん)を　15こ　うって　います。8こ　うれました。あと　なんこ　のこって　いますか。

しき　□ − □ ＝ □

こたえ　□ こ

2 べんとうを　12こ　うっています。8こ　うれました。あと　なんこ　のこって　いますか。

しき　□ − □ ＝ □

こたえ　□ こ

77 くりさがりのひきざん ④

月　日

1 子(こ)どもが　13人(にん)　います。女(おんな)の子(こ)は　6人(にん)です。男(おとこ)の子(こ)は　なん人(にん)ですか。

しき　13　－　□　＝　□

こたえ　□人

2 子(こ)どもが　15人(にん)　います。男(おとこ)の子(こ)は　6人(にん)です。女(おんな)の子(こ)は　なん人(にん)ですか。

しき　□　－　□　＝　□

こたえ　□人

78 くりさがりのひきざん ⑤

月　日

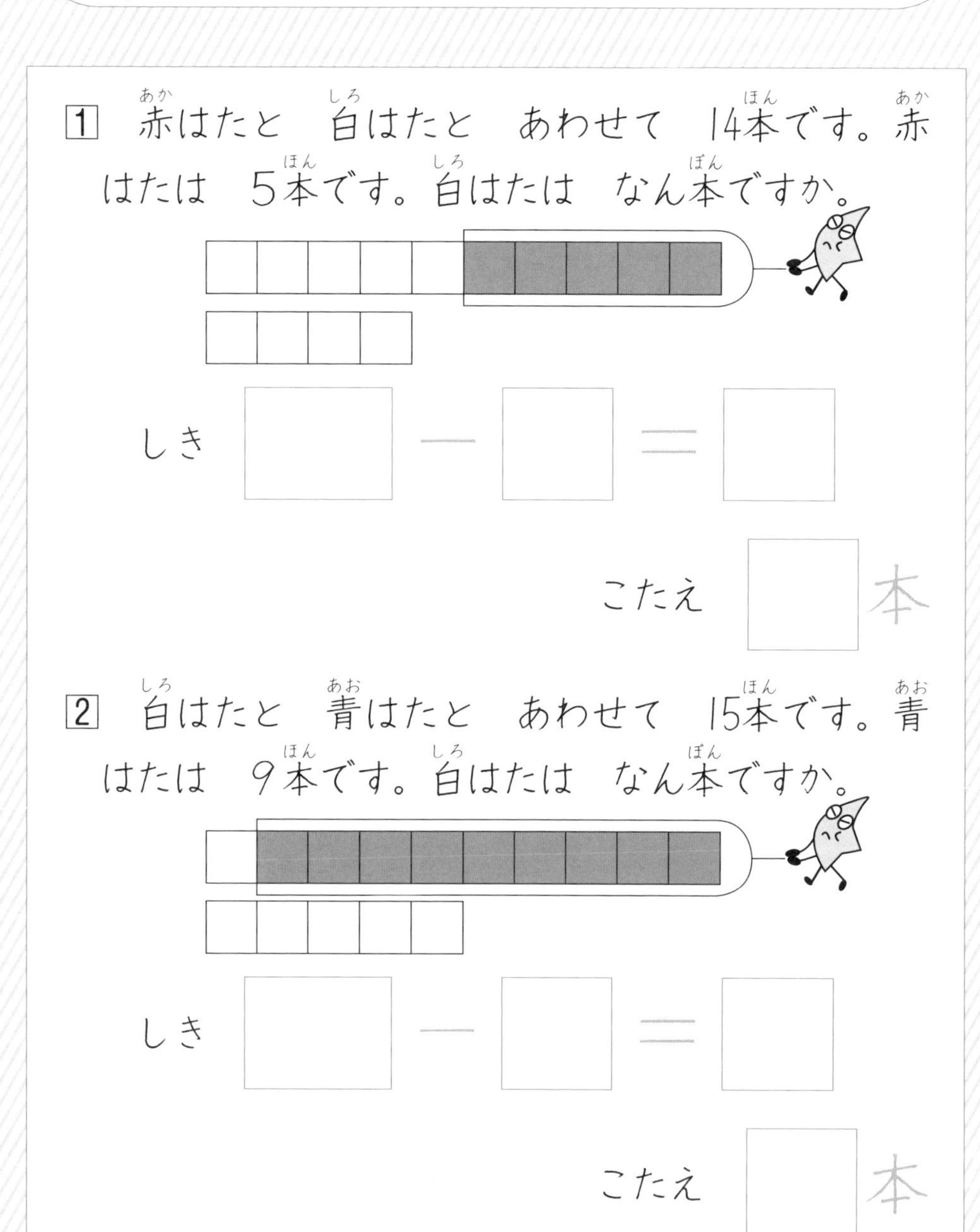

1　赤はたと　白はたと　あわせて　14本です。赤はたは　5本です。白はたは　なん本ですか。

しき　□ － □ ＝ □

こたえ　□ 本

2　白はたと　青はたと　あわせて　15本です。青はたは　9本です。白はたは　なん本ですか。

しき　□ － □ ＝ □

こたえ　□ 本

79 くりさがりのひきざん ⑥

月　日

1　赤い玉と　青い玉と　あわせて　16こです。赤い玉は　7こです。青い玉は　なんこですか。

しき　□ − □ ＝ □

こたえ　□ こ

2　白い花と　赤い花と　あわせて　12本です。赤い花は　4本です。白い花は　なん本ですか。

しき　□ − □ ＝ □

こたえ　□ 本

80 くりさがりのひきざん ⑦

月　日

1　うまが　13とう、うしが　7とう　います。うまと　うしの　かずの　ちがいは　なんとうですか。

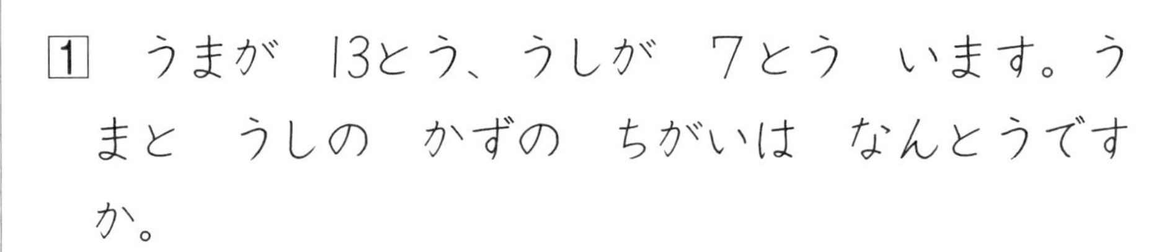

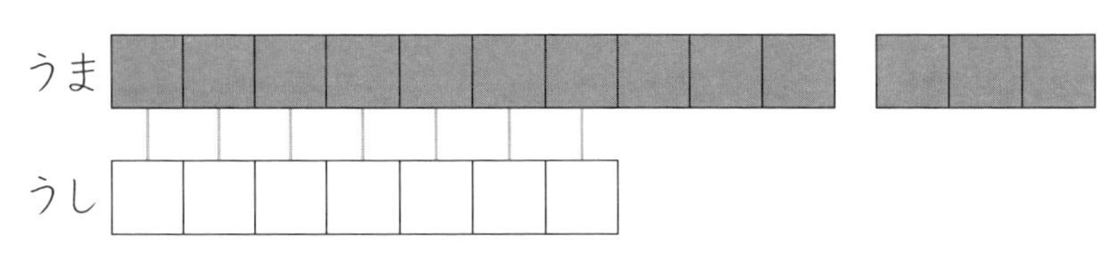

しき　13 － □ ＝ □

こたえ　□とう

2　赤(あか)い花(はな)が　11本(ぽん)、白(しろ)い花(はな)が　8本(ほん)　あります。二(ふた)つの　花(はな)の　かずの　ちがいは　なん本(ぼん)ですか。

しき　□ － □ ＝ □

こたえ　□本

81 くりさがりのひきざん ⑧

月　日

1　なしが　14こ、かきが　7こ　あります。なしと　かきの　かずの　ちがいは　なんこですか。

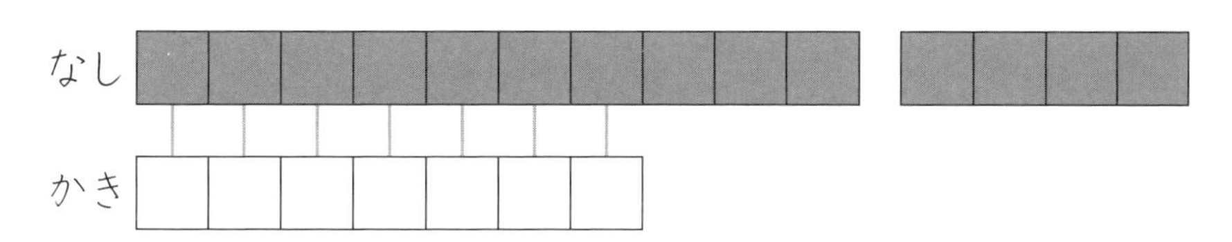

しき　14　−　□　＝　□

こたえ　□こ

2　え本(ほん)が　12さつ、ずかんが　5さつ　あります。え本(ほん)と　ずかんの　かずの　ちがいは　なんさつですか。

しき　□　−　□　＝　□

こたえ　□さつ

82 くりさがりのひきざん ⑨

月　日

1 みけねこが　12ひき、とらねこが　9ひき　います。みけねこの　ほうが　なんびき　おおいですか。

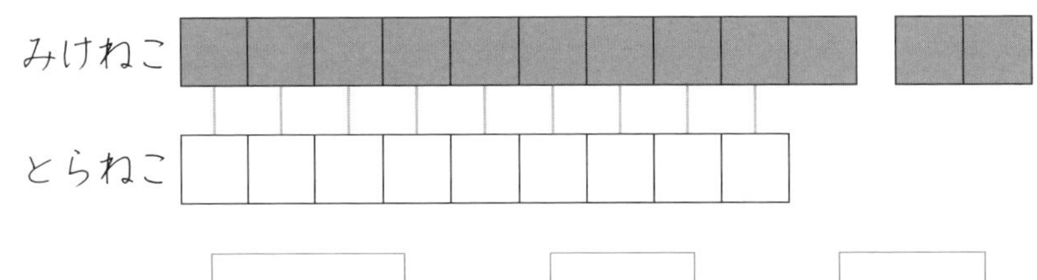

しき　□ － □ ＝ □

こたえ　□ びき

2 くろねこが　11ぴき、白(しろ)ねこが　7ひき　います。くろねこの　ほうが　なんびき　おおいですか。

しき

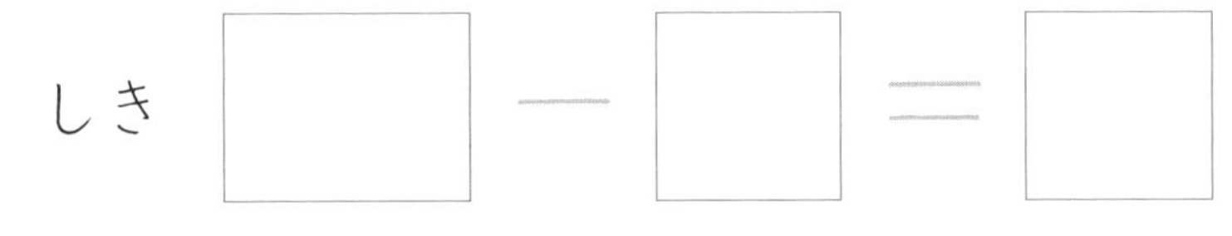

こたえ　□ ひき

くりさがりのひきざん ⑩

月　日

1　こいが　15ひき、ふなが　7ひき　います。こいの　ほうが　なんびき　おおいですか。

しき　□ − □ ＝ □

こたえ　□ ひき

2　金(きん)ぎょが　14ひき、こいが　8ひき　います。金(きん)ぎょの　ほうが　なんびき　おおいですか。

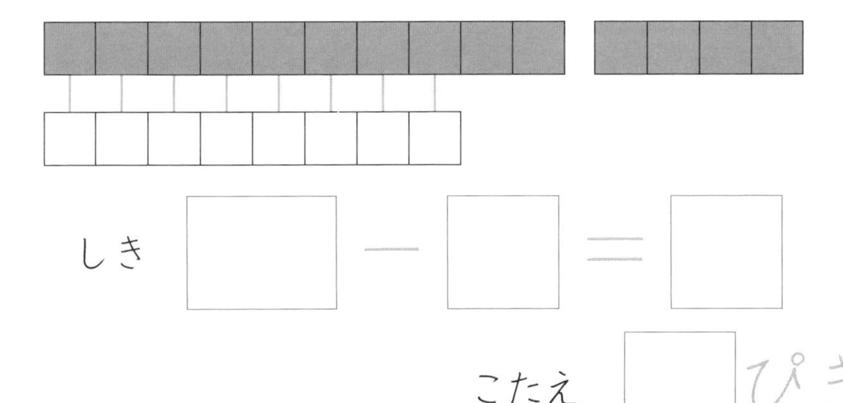

しき　□ − □ ＝ □

こたえ　□ ぴき

くりさがりのひきざん ⑪

月　日

1　山(やま)の石(いし)が　13こ、川(かわ)の石(いし)が　8こ　あります。
川(かわ)の石(いし)の　ほうが　なんこ　すくないですか。

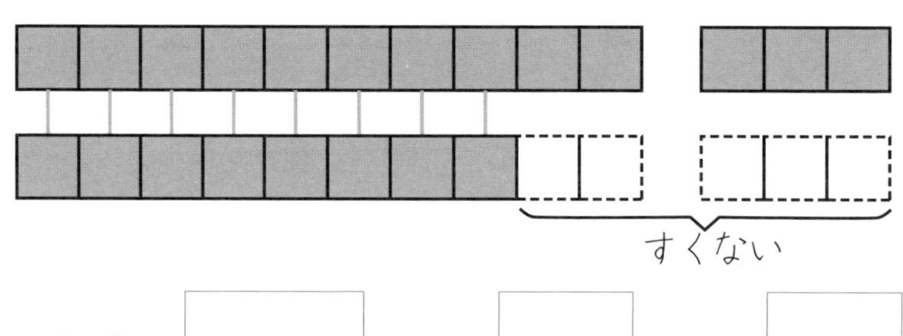

しき　□ － □ ＝ □

こたえ　□こ

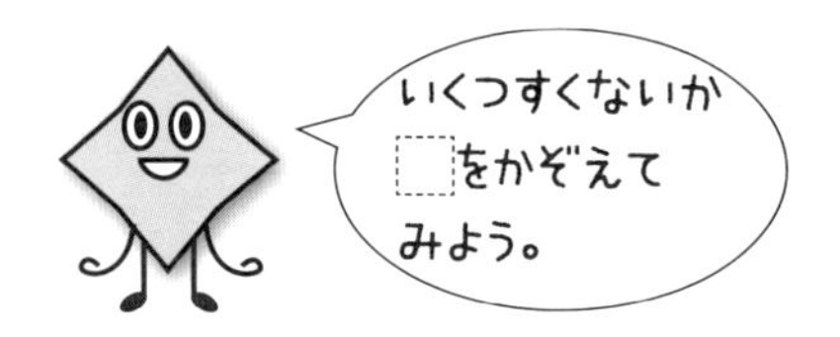

2　赤(あか)い糸(いと)が　15本(ほん)、青(あお)い糸(いと)が　7本(ほん)　あります。
青(あお)い糸(いと)の　ほうが　なん本(ぼん)　すくないですか。

しき　□ － □ ＝ □

こたえ　□本

85 くりさがりのひきざん ⑫

月　日

1 男の子(おとこのこ)が　15人(にん)、女の子(おんなのこ)が　8人(にん)　います。どちらが　なん人(にん)　おおいですか。

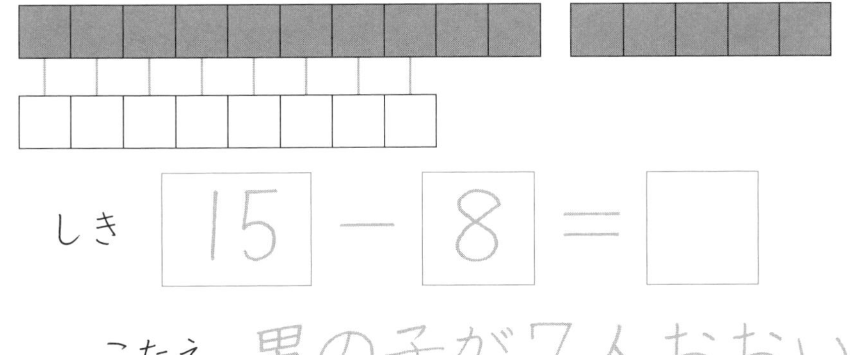

しき　15 － 8 ＝ □

こたえ　男の子が7人おおい

2 赤い車(あかいくるま)が　12だい、白い車(しろいくるま)が　7だい　あります。どちらが　なんだい　おおいですか。

しき　□ － □ ＝ □

こたえ　赤い車が□だいおおい

1 草(くさ)の本(ほん)が 5さつ、虫(むし)の本(ほん)が 11さつ あります。どちらが なんさつ おおいですか。

しき 11 − □ = □

こたえ の本が ＿＿＿＿＿＿

2 ばらの花(はな)は 赤(あか)が 9本(ほん)、白(しろ)が 13本(ぼん) さきました。どちらの いろが なん本(ぼん) おおいですか。

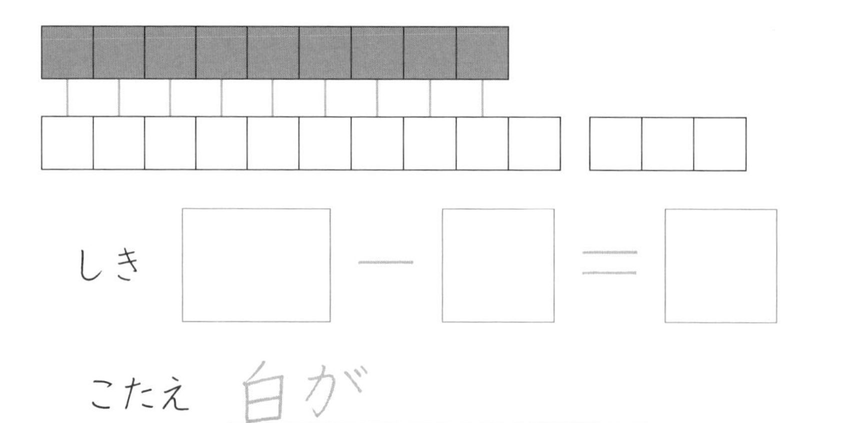

こたえ

① 5までのたしざん ①

❀ 2
3
5

② 5までのたしざん ②

1 2
1
3

2 2
2
4

③ 5までのたしざん ③

1 3
1
4

2 2
3
5

④ 5までのたしざん ④

1 1
3
4

2 1
4
5

⑤ 5までのたしざん ⑤

1 1
2
3

2 3
2
5

⑥ 5までのたしざん ⑥

❀ 5
3 + 2 = 5　　5わ

⑦ 5までのたしざん ⑦

1 1 + 3 = 4　　4わ

2 1 + 1 = 2　　2ひき

⑧ 5までのたしざん ⑧

1 4 + 1 = 5　　5ひき

2 2 + 1 = 3　　3ぼん

⑨ 5までのたしざん ⑨

1 3 + 2 = 5　　5ひき

2 1 + 4 = 5　　5ほん

⑩ 5までのたしざん ⑩

1 3 + 1 = 4　4わ
2 4 + 1 = 5　5こ

⑪ 5までのたしざん ⑪

1 1 + 1 = 2　2ほん
2 1 + 2 = 3　3こ

⑫ 5までのたしざん ⑫

1 2 + 2 = 4　4にん
2 3 + 2 = 5　5にん

⑬ 5までのひきざん ①

❀ 3
1
2

⑭ 5までのひきざん ②

❀ 3
2
1

⑮ 5までのひきざん ③

1 4
2
2
2 4
1
3

⑯ 5までのひきざん ④

1 4
3
1
2 5
2
3

⑰ 5までのひきざん ⑤

❀ 3
2
1

⑱ 5までのひきざん ⑥

❀ 5
2
3

⑲ 5までのひきざん ⑦

❀ 5
3
2

⑳ 5までのひきざん ⑧

❀ 5
1
4

㉑ 5までのひきざん ⑨

❀ 5
4

1

㉒ 5までのひきざん ⑩

❀ 5

3

2

㉓ 5までのひきざん ⑪

[1] 4

3

1

[2] 3

2

1

㉔ 5までのひきざん ⑫

❀ 3 − 2 = 1　　1ぴき

㉕ 5までのひきざん ⑬

[1] 5 − 3 = 2　　2まい

[2] 5 − 2 = 3　　3こ

㉖ 5までのひきざん ⑭

[1] 2 − 1 = 1　　1こ

[2] 4 − 1 = 3　　3わ

㉗ 5までのひきざん ⑮

❀ 5 − 2 = 3　　3こ

㉘ 5までのひきざん ⑯

[1] 4 − 2 = 2　　2こ

[2] 3 − 1 = 2　　2ひき

㉙ 5までのひきざん ⑰

[1] 5 − 4 = 1　　1ぴき

[2] 5 − 1 = 4　　4ひき

㉚ 9までのたしざん ①

[1] 5 + 1 = 6　　6わ

[2] 2 + 5 = 7　　7だい

㉛ 9までのたしざん ②

[1] 3 + 3 = 6　　6こ

[2] 5 + 3 = 8　　8ほん

㉜ 9までのたしざん ③

[1] 4 + 3 = 7　　7にん

[2] 5 + 4 = 9　　9にん

㉝ 9までのたしざん ④

[1] 4 + 3 = 7　　7ひき

[2] 3 + 4 = 7　　7だい

㉞ 9までのたしざん ⑤

[1] 2 + 4 = 6　　6わ

[2] 4 + 2 = 6　　6こ

㉟ 9までのたしざん ⑥

[1] 6 + 3 = 9　　9にん

[2] 7 + 2 = 9　　9ほん

36 9までのたしざん ⑦

1 4＋4＝8 8こ
2 3＋5＝8 8まい

37 9までのたしざん ⑧

1 6＋1＝7 7だい
2 1＋5＝6 6さつ

38 9までのたしざん ⑨

1 2＋7＝9 9ひき
2 4＋3＝7 7にん

39 9までのたしざん ⑩

1 6＋2＝8 8さつ
2 3＋6＝9 9こ

40 9までのたしざん ⑪

1 4＋5＝9 9こ
2 2＋6＝8 8ひき

41 9までのたしざん ⑫

1 3＋3＝6 6にん
2 6＋3＝9 9こ

42 9までのひきざん ①

1 6－1＝5 5こ
2 7－4＝3 3まい

43 9までのひきざん ②

1 6－2＝4 4こ
2 7－3＝4 4ひき

44 9までのひきざん ③

1 9－2＝7 7ほん
2 8－3＝5 5にん

45 9までのひきざん ④

1 8－2＝6 6わ
2 8－4＝4 4こ

46 9までのひきざん ⑤

1 9－5＝4 4こ
2 7－5＝2 2こ

47 9までのひきざん ⑥

1 6－3＝3 3にん
2 9－6＝3 3こ

48 9までのひきざん ⑦

1 8－4＝4 4にん
2 9－4＝5 5にん

49 9までのひきざん ⑧

1 7－4＝3 3びき
2 6－2＝4 4わ

50 9までのひきざん ⑨

1 8－5＝3 3びき
2 6－4＝2 2ひき

51 9までのひきざん ⑩

1 7－1＝6 6こ
2 6－5＝1 1とう

㊿2 9までのひきざん ⑪

1　8 − 6 = 2　2ひき
2　7 − 3 = 4　4わ

53 9までのひきざん ⑫

1　9 − 7 = 2　2こ
2　9 − 3 = 6　6ぴき

54 9までのひきざん ⑬

1　9 − 8 = 1　1ぴき
2　7 − 6 = 1　1わ

55 9までのひきざん ⑭

1　7 − 3 = 4　4わ
2　7 − 5 = 2　2こ

56 9までのひきざん ⑮

1　6 − 5 = 1
すいかが1こおおい
2　8 − 2 = 6
めんどりが6わおおい

57 9までのひきざん ⑯

1　7 − 6 = 1
かきが1こおおい
2　7 − 2 = 5
ねずみが5ひきおおい

58 10になるたしざん ①

1　2 + 8 = 10　10ぴき
2　5 + 5 = 10　10人

59 10になるたしざん ②

1　4 + 6 = 10　10本
2　7 + 3 = 10　10こ

60 くりあがりのたしざん ①

1　5 + 7 = 12　12ひき
2　6 + 5 = 11　11本

61 くりあがりのたしざん ②

1　8 + 4 = 12　12さつ
2　9 + 2 = 11　11本

62 くりあがりのたしざん ③

1　9 + 6 = 15　15こ
2　6 + 6 = 12　12こ

63 くりあがりのたしざん ④

1　6 + 8 = 14　14人
2　9 + 7 = 16　16ぴき

64 くりあがりのたしざん ⑤

1　7 + 8 = 15　15まい
2　3 + 8 = 11　11さつ

65 くりあがりのたしざん ⑥

1　8 + 8 = 16　16本
2　9 + 3 = 12　12とう

66 くりあがりのたしざん ⑦

1　4 + 7 = 11　11こ
2　5 + 8 = 13　13びき

67 くりあがりのたしざん ⑧

1 8 + 5 = 13　13こ
2 7 + 7 = 14　14こ

68 くりあがりのたしざん ⑨

1 8 + 6 = 14　14ひき
2 7 + 5 = 12　12こ

69 くりあがりのたしざん ⑩

1 7 + 6 = 13　13わ
2 9 + 5 = 14　14さつ

70 くりあがりのたしざん ⑪

1 9 + 4 = 13　13こ
2 6 + 7 = 13　13人

71 くりあがりのたしざん ⑫

1 5 + 6 = 11　11ぴき
2 4 + 8 = 12　12だい

72 10からひくひきざん ①

1 10 − 3 = 7　7本
2 10 − 6 = 4　4まい

73 10からひくひきざん ②

1 10 − 5 = 5　5人
2 10 − 2 = 8　8こ

74 くりさがりのひきざん ①

1 11 − 6 = 5　5わ
2 13 − 5 = 8　8人

75 くりさがりのひきざん ②

1 12 − 6 = 6　6こ
2 11 − 4 = 7　7こ

76 くりさがりのひきざん ③

1 15 − 8 = 7　7こ
2 12 − 8 = 4　4こ

77 くりさがりのひきざん ④

1 13 − 6 = 7　7人
2 15 − 6 = 9　9人

78 くりさがりのひきざん ⑤

1 14 − 5 = 9　9本
2 15 − 9 = 6　6本

79 くりさがりのひきざん ⑥

1 16 − 7 = 9　9こ
2 12 − 4 = 8　8本

80 くりさがりのひきざん ⑦

1 13 − 7 = 6　6とう
2 11 − 8 = 3　3本

81 くりさがりのひきざん ⑧

1 14 − 7 = 7　7こ
2 12 − 5 = 7　7さつ

82 くりさがりのひきざん ⑨

1 12 − 9 = 3　3びき
2 11 − 7 = 4　4ひき

83 くりさがりのひきざん ⑩

1 15－7＝8　8ひき

2 14－8＝6　6ぴき

84 くりさがりのひきざん ⑪

1 13－8＝5　5こ

2 15－7＝8　8本

85 くりさがりのひきざん ⑫

1 15－8＝7
男の子が7人おおい

2 12－7＝5
赤い車が5だいおおい

86 くりさがりのひきざん ⑬

1 11－5＝6
虫の本が6さつおおい

2 13－9＝4
白が4本おおい